海洋空间规划评估指南

〔法〕查尔斯·埃勒 著

滕 欣 等译

联合国教科文组织

政府间海洋学
委员会

ICAM

海洋出版社

2020年·北京

图书在版编目(CIP)数据

海洋空间规划评估指南 / (法) 查尔斯·埃勒(Charles Ehler) 著；
滕欣等译. — 北京：海洋出版社，2020.9
  书名原文：A Guide to Evaluating Marine Spatial Plans
  ISBN 978-7-5210-0656-8

  Ⅰ. ①海… Ⅱ. ①查… ②滕… Ⅲ. ①海洋－空间规
划－评估－指南 Ⅳ. ①P7-62

中国版本图书馆CIP数据核字(2020)第186053号

HAIYANG KONGJIAN GUIHUA PINGGU ZHINAN

责任编辑：苏　勤
责任印制：赵麟苏

海洋出版社 出版发行
http://www.oceanpress.com.cn
北京市海淀区大慧寺路 8 号　　邮编：100081
北京朝阳印刷厂有限责任公司印刷　　新华书店北京发行所经销
2020年9月第1版　　2020年9月第1次印刷
开本：787mm×1092mm　　1／16　　印张：8.25
字数：160千字　　定价：118.00元
发行部：62132549　　邮购部：68038093　　总编室：62114335
海洋版图书印、装错误可随时退换

翻译人员名单

滕 欣 胡 恒 赵奇威 张盼盼

刘治帅 孟 雪 陈吉祥 岳 奇

曹 东 徐 伟 李 艳 欧 玲

译者序

    海洋空间规划作为一种可持续发展的范式，受到了国际社会的广泛关注，沿海国家纷纷通过实施海洋空间规划来探索海洋治理之路。海洋空间规划是一个综合性、系统化和不断迭代的过程，对规划编制、配套政策和实施效果进行评估是其不可或缺的环节，也是开展适应性管理的核心工作。

    在众多开展海洋空间规划的国家中，中国、比利时、荷兰和澳大利亚等国已进行了海洋空间规划评估，但国际通用的海洋空间规划评估技术规范尚未形成。《海洋空间规划评估指南》提出了一套创新性、普适性和可操作的评估理论和方法，为沿海国家及地区的海洋空间规划评估工作提供指导。

    我国正处于空间规划体系重构的关键时期，规划评估是指导规划修订、升级和更新的重要依据，制订一套既适用于我国国情，又与国际接轨的海洋空间规划评估方法尤为重要。本指南中海洋空间规划评估的原则、步骤和指标，对我国海洋空间规划评估技术标准的制定具有重要的借鉴意义，有利于提高我国海洋空间规划国际化水平。

    由于时间和水平有限，疏漏和不足在所难免，希望得到专家、学者及广大读者的批评指正。

译　者

2020年4月于天津

序

　　2006年，联合国教科文组织的政府间海洋学委员会在巴黎召开了首次海洋空间规划（MSP）国际研讨会。那时，几乎没人想到，日益壮大的国际海洋管理界要以系统且综合的方式规划海域。当时很多国家已经开始进行海洋空间规划，政府间海洋学委员会研讨会提出了一个重要建议——制定海洋空间规划指南。因此，2009年联合国教科文组织出版了《海洋空间规划指南》*，该指南已经成为国际公认的标准，现在还出版了包括俄语、中文和西班牙语等7种语言的版本。

　　海洋空间规划最初在西欧、北美和澳大利亚等高收入国家制订，之后在中低收入国家（如中国、越南、印度尼西亚、南非和加勒比及珊瑚三角区岛国）迅速发展起来。

　　政府间海洋学委员会支持开发管理程序、制定管理政策，以促进海洋环境的可持续发展；支持必要的能力建设，以维持海洋生态系统的健康。

　　希望本指南可以帮助各国继续加强技术能力建设和机构能力建设，以减少生物多样性丧失，可持续地管理其海洋生态系统。

Wendy Watson-Wright

联合国教科文组织政府间海洋学委员会执行秘书

---

*海洋空间规划：循序渐进走向基于生态系统的管理方法，2009年政府间国际海洋学委员会手册与指南，53（IOC/2009 / MG/53）

引言

虽然海洋界经常谈论"海洋治理"或"基于海洋生态系统管理"的重要性，但直到最近10~12年间，这些概念才转变成操作性活动（其中有一些作为"海洋空间规划"或MSP而闻名）。在英国、比利时、荷兰和德国的努力下，海洋空间规划活动率先在西欧兴起，至今已扩展到全世界400个国家。现有9个国家的政府批准了涵盖其专属经济区或领海的海洋空间规划，其中一些国家已经发展和实施到了第二代或第三代空间规划。

但是，如何知道这些规划是否"成功"？"成功"指的是什么？该如何去衡量？这些规划是否正在实现它们的愿景和目标。它们又是否得到了政治和公众的支持？它们是否都取得了实实在在的成效？

尽管海洋空间规划这一概念仍处于其早期生命阶段，许多切实效果可能需要5~15年才能达到，但是及早考虑评估海洋空间规划成效总是没错的。

政府间国际海洋学委员会海洋空间规划倡议的本指南试图在国际海洋空间规划界内提前考虑海洋空间规划绩效监测和评估这一重要步骤。

Charles N. Ehler

联合国教科文组织政府间海洋学委员会

（海洋空间规划）顾问

致谢

如果没有戈登-贝蒂·摩尔基金会在过去8年里对联合国教科文组织政府间海洋学委员会慷慨的财政支持，本报告将不可能成形。摩尔基金会海洋保育工作的项目总监Barry Gold一贯支持政府间海洋学委员会的海洋空间规划工作。资深项目专员Kate Wing为本指南的制定提供了监督和宝贵的指导意见。

本指南建立在众人的研究基础之上，他们开创了监测和评估自然资源规划和管理绩效的理念，并在我过去40年的职业生涯中影响着我的思想，包括进行适应性管理的C.S.（Buzz）Holling和Carl Walters，沿海和海洋综合管理的Robert Knecht、Biliana Cicin-Sain、Steve Olsen和Blair T. Bower以及监测和评估开发项目的Richard Margoluis和Nick Salafsky，研究海洋空间规划有关生态见解的Larry Crowder和Elliot Norse，等等。

本指南的完成也有赖于政府间海洋学委员会的一些其他出版物，以及《沿海综合管理指标应用手册（2006）》中我的合著者（Stefano Belfiore、Julian Barbiere、Robert Bowen、Biliana Cicin-Sain、Camille Mageau、Dan McDougall和Robert Siron）的想法。特别是我海洋空间规划的同事Fanny Douvere，他与别人合著了两本政府间海洋学委员会出版物：《海洋变化的愿景（2007）》和《海洋空间规划：循序渐进走向基于生态系统的管理方法（2009）》。

学习过程来自于与真正开发实施海洋规划的有关专家及科学家的讨论和访谈。这些专家和科学家包括Erik Olsen（挪威），Nico Nolte 和 Jochen Lamp（德国），Paul Gilliland 和Dan Lafolley（英格兰），Leo de Vrees、Lodewijk Abspoel和Titiia Kalker（荷兰），Richard Kenchington、Jon Day和Stephen Oxley（澳大利亚），acek Zaucha（波兰），Chu Hoi（越南），Steve Diggon 和Larry Hildebrand（加拿大），Tomas Andersson（瑞典）以及Deerin Babb-Brott、Stephanie Moura、Bruce

Carlisle、John Weber和Grover Fugate（美国）。

国际专家选定小组（包括康涅狄格大学资源经济学教授Robert Pomeroy（美国）、东北地区海洋委员会海洋规划总监 John Weber（美国）、海洋管理机构海洋规划总监Paul Gilliland（英格兰）以及壳牌国际海洋问题领导Ian Voparil（荷兰和美国）自项目成立以来为其提供了监督和建议。

联合国教科文组织政府间海洋学委员会为项目提供了资金和技术支持。政府间海洋学委员会执行秘书Wendy Watson-Wright自项目成立以来给予了很大的支持。Julian Barbière 管理、帮助指导并促成了该项目。Virginie Bonnet为整个项目提供了可靠且必不可少的行政支持。Eric Loddé设计了最终报告。

本人对报告中任一观点的误解、误传或事实错误负责。

Charles N. Ehler

2014年1月，巴黎

缩略词

ATBA	回避区
CBO	社区组织
CMSP	沿海和海洋空间规划
EBM	基于生态系统的管理
ECA	排放控制区
EEZ	专属经济区（200海里界限）
EIA	环境影响评价
HELCOM	赫尔辛基委员会
IMO	国际海事组织
IMP	综合管理计划
IOC	政府间海洋学委员会（联合国教科文组织）
IOPTF	部门间海洋政策特别小组（美国）
M&E	监测和评估
MPA	海洋保护区
MSP	海洋/海事空间规划
NGO	非政府组织
NOAA	国家海洋和大气管理局（美国）
OSPAR	奥斯陆－巴黎公约
PSIR	压力－状态－影响－响应
PSR	压力－状态－响应
PSSA	特别敏感海域
RBM	基于结果的管理
SMART	具体、可衡量、可实现、相关和有时限的目标
SEA	战略环境评价
TS	领海（12海里界限）
UNESCO	联合国教科文组织

换算

平方千米	1平方千米 ≈ 0.39 平方英里
平方英里	1平方英里 ≈ 2.59 平方千米
海里	1海里 ≈ 1.15 英里 ≈ 1.85 千米

术语

适应性管理：将正式的学习过程并入管理措施。具体来说是将规划、实施、监测和评估整合在一起以提供一个系统测试假设框架，促进学习并为管理决策提供适时信息。

基准：海洋空间管理计划实施之前的情况；是绩效监测和评估的起点。

顺应性监测：数据的收集和评估，包括自我监测报告和表明人类活动是否符合许可法规规定范围和条件的证明；也可称为"监视性监测"。

内容分析：一种通过代码识别和说明文本、演说和/或其他媒体中某些词语、短语或概念中定性数据的系统分析。

效力：管理措施真正达到管理计划预期目的、目标和成果程度的评估标准。

效率：经济问题"是否已经以最低的成本实现目的、目标和成果？"的评估标准。

公平：效力和效率是技术和经济标准，而公平是社会和政治问题。它涉及管理措施成本和利益的社会分配，即"谁支付"和"谁"从特定的管理措施中"受益"。

评估：针对某些预定标准的成就的定期管理活动，通常是一组标准或管理目的和目标。

目的：一般方向或意图的陈述。目的是旨在实现的预期结果的高级陈述。本指南明确了一般目的与特定目标之间的区别。

治理：在这一过程中，社会不同单位行使权力和权威，从而影响和制定涉及公共生活和经济社会发展的政策和决策。由政府以及私营部门和民间团体进行治理。

指标：测量接近期望水平（定量或定性）的程度，即目标或成果。

逻辑框架：用于以表格形式显示项目目的、目标和指标的逻辑框架分析，显示项目的逻辑。通常缩写为逻辑框架（logframe）。

管理：为完成规定目的和目标管控资源。管理包括人力资源、财务资源、技术资源和自然资源的分配。它是由一组功能或活动构成的过程，包括研究、规划、实施、监测、评估和其他，都必须是为了达到特定的目的和目标而执行。

管理行动或措施：实现管理目标所采取的特定行动；管理行动也应确定将被用于实施管理行动的激励机制（法规、经济、教育）以及有权落实管理措施的机构或制度安排。

海洋空间规划（MSP）：分析和分配人类用海活动的时空分布，以实现政府的生态、社会和经济目标的公共参与过程。

监测计划：监测您的海洋空间规划的计划。监测计划应该包括信息需求、指标和方法、空间规模和地点、时限以及收集数据的角色和职责。

目标：实现预期结果的特定说明。目标应符合SMART原则——具体（S）、可衡量（M）、可实现（A）、相关或有现实意义（R）和有时限（T）。

绩效评估：通过评价运行中项目的实施，检测海洋空间规划运行符合设想程度的评估。绩效评估可以帮助海洋空间规划管理者确定规划、战略和操作所需的变更，以提高计划及其管理措施的绩效。

绩效监测：项目完成情况的持续监测和报告，特别是关于预先设定目的和目标的进度。项目措施或指标可确定所进行项目活动的类型和水平（过程）、项目直接提供的产品和服务（产出）和/或这些产品和服务的结果（成果）。

规划：生成用于决策的信息的管理活动，决定何人何时何地如何得到何物，成本多少，以及何人支付？应在各个时间点组织规划以生成信息。应进行持续性规划活动以生成用于应对变化的管理信息，即适应性管理。

定性数据：非数值形式的数据；定性数据用于描述。它们能被观察到或进行自我报告，但不一定被精确的测量。例如关系和行为数据。

定性数据分析：用于分析以非数值形式收集的信息的方法，如半结构式访谈和观察或其他文件和媒体的书面叙述或录音，以理解和解释行为和情况。

定量数据：数值形式的数据；定量数据可以通过测量得到。例如成本、长度、面积、体积、重量、速度、时间、温度、就业和收入数据。

系统状态监测：系统状态监测着重于评估长期趋势，例如海洋区域生物多样性的状态、水质或特定生态系统的整体健康状态。

监视性监测：同"顺应性监测"。

过渡目标：实现成果并最终达到长期管理目的的一个过渡点。过渡目标基于已知资源，对特定时期资源基础的合理预测。

图示指南

海洋空间规划的绩效监测和评估

第1步 确定监测和评估需要，并编制评估计划	如果您已制订评估计划，请看下一步
第2步 确定海洋空间规划的目标	确保管理计划的目标量化至最大程度——这是关键的初期步骤
第3步 确定每个目标的管理措施	确保每个目标至少具备一个相关的管理措施——您将对该管理措施的效力进行评估
第4步 确定绩效指标和目标	如果您已经在海洋空间规程过程完成步骤1~3，您可以在此开始第4步
第5步 创建选定指标的基准	建立海洋空间规划的基准信息后，您可能已经了解其中一些信息

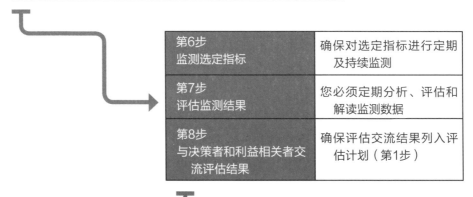

第6步 监测选定指标	确保对选定指标进行定期及持续监测
第7步 评估监测结果	您必须定期分析、评估和解读监测数据
第8步 与决策者和利益相关者交流评估结果	确保评估交流结果列入评估计划（第1步）

使用监测和评估结果修改下一周期海洋空间规划	使用评估结果修改下一轮海洋空间规划的目标和/或管理措施

图示指南

海洋空间管理规划中各要素之间的关系

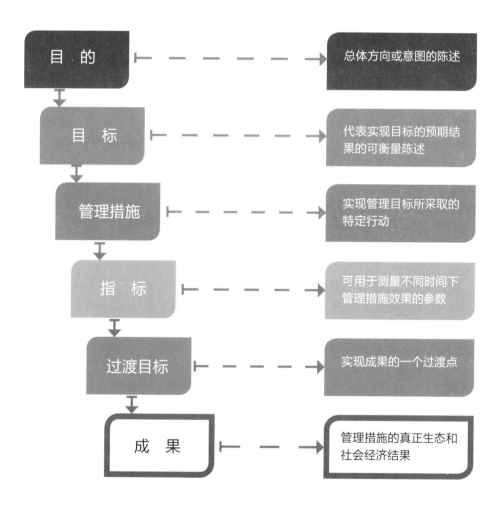

目 的	总体方向或意图的陈述
目 标	代表实现目标的预期结果的可衡量陈述
管理措施	实现管理目标所采取的特定行动
指 标	可用于测量不同时间下管理措施效果的参数
过渡目标	实现成果的一个过渡点
成 果	管理措施的真正生态和社会经济结果

目　录

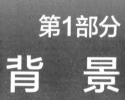

第1部分

背　景

关于本指南

"我可没说这很容易。我只说这将很值得。"

Mae West (1893—1980)

美国女演员、歌手兼剧作家

温馨提示！需要阅读一些背景资料

成功的措施：设计、管理和监控保护和发展项目（Margoluis，Salafsky，1998），基于结果的监测和评估系统的10大步骤（Kusek，Rist，2004）以及绩效测定（Hatry，2006）等文中，都有对绩效监测和评估既"经典"又全面的介绍。如果您是刚开始考虑或要开发海洋空间规划绩效评估系统，那么在开始之前或遇到困难时，这些基本观念、定义和详细的方法讨论可供您参考。

在您的参考架上还应放置的最新文档是保护实践的开放标准（保护措施合伙人，2013），可访问网站：www. conservationmeasures.org。保护措施合伙人是一个保护组织联盟，其使命是通过开发、测试和改进原则和工具，推进保护实践，对保护措施进行可靠评估和有效改善。

本指南的目的是什么

在过去的10年里，海洋空间规划（MSP）已被公认为是在日益拥挤的海洋内满足生态、经济和社会等多重目标的途径。它可以在保护自然资源（如渔业资源）的同时，为公共和私人投资提供法律的确定性和可预测性。至少6个国家（比利时、荷兰、德国、挪威、澳大利亚和中国）以及3个美国的州（马萨诸塞州、罗得岛州和俄勒冈州）已实施其海洋管辖区域的空间规划。

其中，挪威和荷兰的海洋空间规划已经是其第二代或第三代。还有3个国家（英国、葡萄牙和瑞典）将在未来几年实施其海域的海洋空间规划。在未来10年里，超过40个国家将制订60～70个专属经济区、领海和州或省级的海洋空间规划。

例如，澳大利亚已完成了覆盖其整个专属经济区（EEZ）的5个海洋计划；比利时修订的专属经济区海洋空间规划刚获得批准（图1-1）；德国已完成了5个海洋计划，涵盖其在波罗的海，北海和3个联邦州（管辖德国领海的沿海州）的2个专属经济区；中国已完成覆盖其整个领海的省级规划；美国3个沿海州已经完成和实施了空间规划，等等（表1-1）。

但是如何知道这些规划过程是否发挥了作用？全世界有大量资源分配给海洋规划、实施和执行，但是这些计划的结果是否有效？这些新型海洋管理项目的效益是否大于成本？谁将承担计划的费用？谁又将会受益？如何知道什么可行，什么不可行？

温馨提示！ 一个值得考虑的问题

在不知道现有的海洋空间规划取得（或未取得）什么成果的情况下，如何才有可能在下一轮规划中进行改进？

表1-1 2013年海洋空间规划现状实例

国家（地区）	区域	规划状态
比利时	北海专属经济区	批准/实施
荷兰	北海专属经济区	批准/实施
德国	北海专属经济区	批准/实施
德国	波罗的海专属经济区	批准/实施
德国	梅克伦堡-前波美拉尼亚州	批准/实施
德国	石勒苏益格-荷尔斯泰因州	批准/实施
德国	下萨克森州	批准/实施
英国	东部规划区	完成/批准
英国	南部规划区	进行中
苏格兰	专属经济区	国家计划起草
苏格兰	彭特兰湾和奥克尼群岛水域	试点计划完成
威尔士	专属经济区	进行中
北爱尔兰	专属经济区	进行中
爱尔兰	专属经济区	进行中
波兰	波罗的海	进行中
立陶宛	波罗的海	完成
爱沙尼亚	波罗的海	进行中
拉脱维亚	波罗的海	试点计划完成
芬兰	波罗的海	进行中
瑞典	波罗的海/北海	进行中
挪威	巴伦支海	批准/实施
挪威	挪威海	批准/实施
挪威	北海	批准/实施
葡萄牙	大陆专属经济区	进行中
丹麦	波罗的海/北海	进行中
以色列	专属经济区/领海	进行中
阿拉伯联合酋长国	阿布扎比和迪拜酋长国水域	进行中
澳大利亚	东南生物区	完成，修订中
澳大利亚	西南生物区	完成/批准
澳大利亚	西北生物区	完成/批准
澳大利亚	北生物区	完成/批准
澳大利亚	东生物区	完成/批准
澳大利亚	珊瑚海保护区	进行中

国家	区域	规划状态
澳大利亚	大堡礁	批准/实施
新西兰	豪拉基湾	进行中
中国	辽宁省	批准/实施
中国	河北省	批准/实施
中国	山东省	批准/实施
中国	上海市	批准/实施
中国	浙江省	批准/实施
中国	福建省	批准/实施
中国	广东省	批准/实施
中国	广西壮族自治区	批准/实施
中国	海南省	批准/实施
越南	领海	进行中
印度尼西亚	领海	进行中
泰国	领海	进行中
柬埔寨	领海	进行中
菲律宾	领海	进行中
美国	马萨诸塞州	批准/实施
美国	罗得岛州	批准/实施
美国	俄勒冈州	批准
美国	华盛顿州	进行中
美国	东北地区	进行中
美国	中大西洋	进行中
加拿大	东海岸（ESSIM）	计划完成，未批准
加拿大	波弗特海	完成和批准，未实施
加拿大	太平洋海岸和专属经济区（联邦）	完成
加拿大	太平洋海岸和专属经济区（MaPP）	进行中
墨西哥	专属经济区（太平洋和墨西哥湾）	进行中
百慕大	专属经济区	进行中
圣基茨和尼维斯	专属经济区	试点计划完成
圣文森特和格林纳丁斯	专属经济区	进行中
格林纳达	专属经济区	进行中
伯利兹	领海	起草计划
哥斯达黎加	领海	试点项目进行中

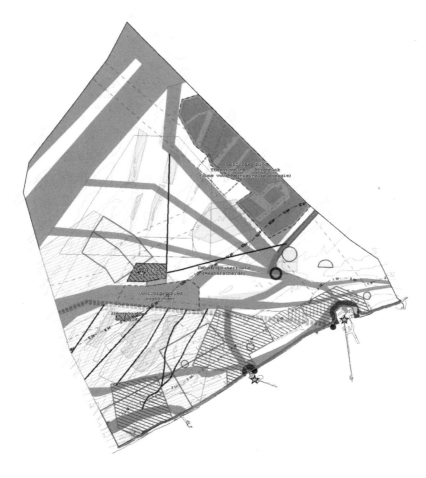

MARIEN RUIMTELIJK计划
视觉 2012年12月

2014年3月，皇家法令通过了比利时北海部分的新海洋空间规划方案，取代2003年制订的"总体规划"。在过去10年里，比利时的海洋空间规划已从"总体规划"（实际上是主要基于部门利益和没有任何法律授权的分区规划）演变成具有较强法律权威的综合性、多用途规划。

图1-1 2014年比利时新海洋空间规划综合图
来源：联邦公共健康、食品链安全和环境服务部（Federal Public Service: Health, Food Chain Safety and Environment）

什么人应使用本指南

本绩效监测和评价（评估）指南的目标读者是规划和管理海域的实践者。实践者是指负责设计、规划、实施、监测和评估海洋管理计划的管理者和利益相关者。虽然指南侧重海洋空间规划的绩效监测和评估，但规划者和管理者应该知道如何从一开始就将监测和评估的考虑事项纳入海洋空间规划过程，而不是等到规划完成要衡量是否成功的时候。只有管理目标和预期成果以可衡量的方式（无论是定量或定性）写入规划，才有可能做到有效的绩效监测和评估。

"海洋空间规划者和管理者"是什么人

除了负责综合性海洋计划的专业规划人员之外，还有很多具有部门价值和利益的部门管理者和机构管理海洋和沿海地区，包括：

- *渔业管理者；*
- *海洋和沿海水产养殖管理者；*
- *海洋运输管理者；*
- *海上油气管理者；*
- *海洋可再生能源管理者；*
- *沿海土地使用管理者；*
- *水质管理者；*
- *海洋旅游和休闲管理者；*
- *海洋和沿海保护区管理者。*

因为海洋区域很少存在单独的"海洋管理者"或综合管理机构，所以将这些部门管理者及其利益包含在海洋空间规划过程中就相当重要。

阅读和使用本绩效监测和评估指南后，你应该知道什么

- 在海洋空间规划过程开始而不是之后考虑监测和评估的重要性；
- 设定明确目标的重要性；
- 评估成果代表了规划的最重要结果。应该全力专注于最重要的事——规划中管理行动对人类和海洋环境的影响；
- 为目标设置合理有限定量指标的重要性，指标是能确定你何时取得接近预期结果的可衡量进展的关键；
- 收集指标基准值的需要。如果你不知道自己的开始状态，3 ~ 10年后，你就很难确定已经完成了什么；
- 指标、目标和基准的成果框架应与监测和评估计划相联系。确保报告和评估要求与监测和评估系统保持一致。

本指南的框架是如何安排的

本指南是建立在联合国教科文组织政府间海洋学委员会《海洋空间规划：循序渐进走向基于生态系统的管理方法》（Ehler，Douvere，2009）的一般方法和结构的基础上的（可访问网站：www.unesco ioc-marinesp.be）。本指南同前海洋空间规划指南的框架相似，按逻辑顺序呈现了管理计划（及其相关管理措施）绩效监测和评估的8个步骤；在任何海洋空间规划过程中，管理计划都是重要组成部分。

表1-2　本指南是什么 / 不是什么

本指南是	本指南不是
海洋空间规划评估的一般基础介绍	先进的评估技术来源
主要为海洋空间规划的规划者和管理者编写	为专业评估人士和研究人员编写
应与其他海洋空间规划指南与手册共同使用的文件	可用于所有实施规划的"通用"方法
应与自然科学家和社会科学家的文献一起使用	要求读者具备高水平的统计专业知识
分析、解释和交流的简短介绍	数据分析和解释的技术指南

专栏 1-1　海洋空间规划过程的10大步骤

海洋空间规划的开发和实施涉及多个步骤，包括：

1. 确定需要以及组织授权；

2. 获得财政支持；

3. 通过预先规划组织、编制过程；

4. 组织利益相关者参与；

5. 界定和分析现有条件；

6. 界定和分析未来情况；

7. 编制和批准空间管理计划；

8. 实施和执行空间管理计划；

9. 监测和评估绩效；

10. 调整海洋空间管理过程。

Ehler和Douvere，2009

您将从本指南学到什么

海域使用者应该从本指南获取的一些其他理念，包括：

- 良好规划有效实施、监测和评估的重要性；
- 在海洋空间规划过程一开始就清晰写入可衡量目标的重要性；
- 为什么确定指标和目标是有效的绩效监测和评估的关键；
- 监测在证实管理措施绩效和引导实施过程迈向预期结果（成果）中的关键作用；
- 监测如何为评估奠定基础；
- 监测和评估在加强海洋空间规划有效性和管理成果方面的作用；
- 涉及其他信息和指导的参考文献和资料出处。

本指南背后的基本原则

海洋空间规划（MSP）是一个持续、自适应的过程，其应包括作为整个管理过程（Ehler，Douvere，2009）的基本元素：绩效监测和评估。

应该在规划过程开始时就考虑监测和评估，而不是等到海洋空间规划已经制定之后。

全世界大多数海洋规划工作要求支持适应性管理——简单地定义为"边做边学"。哪些管理措施可行，哪些不可行，为什么？

为应对未来的不确定性以及不同类型的变化［包括全球变化（气候变化）以及技术、经济和政治变化］，海洋空间规划和管理的适应性方法是必需的。例如，（美）部门间海洋政策特别小组2010年的最终建议中规定"……沿海和海洋空间规划的目标及其进展将结合公众意见定期进行系统评估，并作出修改以确保达到预期的环境、经济和社会成果。"

未来30～100年，气候变化必将影响重要生物、生态地区和重要物种的分布位置，而技术变化（和气候变化）将大大改变对早先难以接近海域的开发，如北极或公海。不可避免地，海洋空间规划的目的和目标以及管理计划和行动必须进行修改以适应这些变化——否则规划将很快失效，变得不划算、不可行，最终毫无现实意义。

各国国内和国际上的许多政策文件已经认可了海洋空间规划具备适应性的特征。美国沿海和海洋空间规划的草拟框架提到海洋空间规划需要具备"……适应性和灵活性以应对不断变化的环境条件和影响，包括全球气候变化、海平面上升、海洋酸化、新兴用海方式、科技进步、政策变化等"（美国部门间海洋政策特别小组，2009）。

又如，在欧盟的"海洋空间规划指南"中定义海洋空间规划的10项原则之一，包括"在规划过程中并入监测和评估"以及承认"……规划需要与知识一起更新"（欧洲委员会，2008）。美国（马萨诸塞州）、德国和挪威的海洋空间规划符合这些海洋空间规划的政策要求，常作为实践典范提出——包括参考适应性方法或作为其基本要素的监测和评估。

然而，尽管海洋空间规划适应性方法具有重要的意义，却很少有人作出努力去定义它的内涵（Douvere，Ehler，2010）。自适应方法要求监测和评估海洋空间规划的绩效，但人们很少研究此类绩效监测和评估如何产生有意义的结果以及目前的海洋空间规划举措是否具有一些本质特征（如可衡量的目标）来实现这一点。但是后者至关重要，因为越来越多的国家试图从现有的海洋空间规划实践中学习，且一些国家最近也开始了他们的"第二代或第三代"海洋空间规划。

来源和辅助读物

Conservation Measures Partnership. 2013. Open Standards for the Practice of Conservation. Version 3.0. p47. Available at: www.conservationmeasures.org.

Ehler, C., and F. Douvere. 2009. Marine Spatial Planning: a step-by-step approach toward ecosystem-based management. Intergovernmental Oceanographic Commission, IOC Manual and Guides No.53, ICAM Dossier No. 6. UNESCO: Paris. p97.

Hatry, H.P. 1999, 2006. Performance Measurement: Getting Results. Washington, DC: Urban Institute Press. p326.

Kusek, J.Z., and R.C. Rist. 2004. Ten Steps to a Results-based Monitoring and Evaluation System. The World Bank: Washington, DC. p247.

Margoluis, R., and N. Salafsky. 1998. Measures of Success: Designing, Managing, and Monitoring Conservation and Development Projects. Island Press: Washington, DC. p362.

介绍海洋空间规划的绩效监测和评估

"未来的文盲不是不会阅读的人，而是不会学习的人。"

艾尔文·托夫勒（1928— ）

美国未来学家

学习规划和规划的学习过程

规划经常被描述为一个学习过程，而学习规划就是开始海洋空间规划过程的一个无形效益。

绩效评估不单是成果的测度，其往往需要更精细的评估。所需的评估类型取决于我们对规划及其功能或目的的假设。因此，对海洋空间规划进行评估，不仅应评估它们的成果，还有它们如何促进决策者和利益相关者认识现在和未来面对的问题以及规划带来的机遇，防患于未然。当规划过程提高了这样的认识，就可以说它发挥了作用（不论结果如何）。只有帮助决策者审时度势，规划才算发挥了作用，所以需要就这一点以及最后的结果对规划进行评估。

将学习作为管理周期的一部分

保护实践的开放标准（保护管理伙伴关系，2013）汇集了基于结果的方案规划和适应性管理的最优经验和原则，并整理成管理周期的5个步骤：①构思项目愿景和背景；②计划措施和监测；③实施措施和监测；④分析数据、使用结果并进行修改；⑤获取和共享学习（图1-2）。

没有任何单一的通用评估框架可以适用所有目标。例如，红十字会和红新月会联合会最近出版了工程/项目监测与评估指南，其管理周期框架有很多相同的步骤。

在评估过程中，本指南借鉴了联合国教科文组织海洋空间规划指南确定的海洋空间规划10大步骤（Ehler，Douvere，2009）。

图1-2 管理周期的步骤（保护管理伙伴关系）
来源：保护管理合伙人(Conservation Management Partnership）

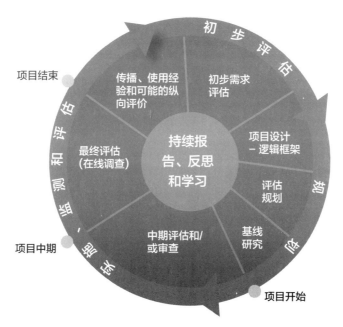

图1-3 工程/项目周期的主要评估活动
来源：红十字会与红新月会联合会（Federation of Red Cross and Red Crescent Societies）

你将如何认识"成功"

"成功的"海洋空间规划常常在实践中简单地定义为管理计划（一种输出）的采用或新的空间管理措施的实施（也是输出）。人们把间或满足管理计划的目的和目标定义为成功。根据美国国家海洋与大气管理局（NOAA）生态系统科学与管理工作组最近对16个海洋空间规划实例（Collie et al.，2012）的分析，成功的海洋空间规划是一个连续体。大多数美国规划（例如马萨诸塞州和罗得岛计划）认为规划被采用即为成功，而许多欧洲海洋规划则以满足管理计划的目标表示成功，即该计划本身并非目的，而是一个达到目标和产生结果的过程。

NOAA的报告发现，大多数海洋规划工作结合了一定程度的监测。一些计划表明它们将使用现有的监测方案，但只有少数计划把目标与具体的绩效指标相关联。在这些具有绩效指标的计划中，只有少数具有预先确定的背景或参考标准。

适应性管理经常被描述为海洋空间规划的一个原则，但NOAA的报告发现，16个海洋空间规划中仅有几个规划运行该原则。

如果在海洋空间规划过程中，所取得的进展有利于实现管理目标，则绩效监测和评估将是成功的。此外还有一些相关标准：

- 利益相关者积极参与并致力于海洋空间规划过程。利益相关者参与问题识别、海洋空间规划目的和目标的解释说明、管理措施的选择以及过程监测和评估的支持建设；
- 取得有利于实现管理目的和目标的进展。由于海洋空间规划是多目标规划过程，实现某个目标成果可能需要权衡其他多个目标成果。若合理期限内没有进展的迹象，则没有理由继续该海洋空间规划过程；
- 绩效监测和评估结果用于调整和完善管理措施；
- 海洋空间规划的实施与有关当局一致。否则规划和实施过程必然出现中断。利益相关者之间或会发生信任崩溃，利益相关者可能撤回支持，导致资金损失乃至引起诉讼。

如果利益相关者不认可海洋空间规划过程及其输出结果，则该过程尚未成功。如果绩效监测和评估结果不用于修订规划，则该过程尚未成功。

监测有哪些不同类型和用途呢

通用术语"监测"有许多类型，包括：

- 趋势或系统状态（或环境状态）监测：系统状态监测着重于评估，例如，海洋区域生物多样性的状态、海水水质或特定海洋生态系统的整体健康状况。监测往往侧重于衡量环境的状态——其结果记录在许多地方、国家或国际报告中，如世界渔业和联合国粮农组织的水产养殖现状报告或奥斯陆委员会出版的质量状态报告，等等。重要的是，系统状态报告中提出新的管理方法（包括MSP）以应对海洋环境日益恶化的问题；

   在国家或区域层面，对系统状态指标进行一段时间的跟踪，就可以了解政策或计划的效果。指标可以显示国家或沿海地区在特定时间点的状态（Stem et al.，2005）；

   一些国家已经制定了全国"记分卡"，用来显示系统状态的监测数据。记分卡作为一种易于理解的沟通和宣传工具，可以鼓励公众和决策者采取措施。

- 顺应性监测：数据的收集和评估，包括自我监测报告、表明人类活动是否符合许可证规定的限制和条件的证明；顺应性监测有时称为"监视性监测"。

   其他类型的监测包括：①财务监测（解释说明海洋空间规划过程的投入和活动支出）；②利益相关者监测（跟踪利益相关者对海洋空间规划的认知，包括MSP过程中他们的处理方法、参与情况、信息获取以及综合体验）；③环境（或状况）监测（跟踪MSP过程或计划的运行环境，特别是对识别威胁、风险和设想有影响的环境，例如经济或政策环境的改变）。

绩效监测和评估是本指南的重点。绩效或结果监测是海洋管理过程中不可或缺的活动。它是评估项目成果的持续性活动，尤其是朝向预设目的、目标和结果的进展。其他监测项目的数据或许能重新用于绩效监测，但必须要展现海洋空间计划的影响。在本指南的监测计划和指标部分将有更多有关信息。

专栏1-2　成功可能是怎样的

20年后，你所处的海洋环境会大有不同。那时，已经实现了洁净、安全、健康、高产和具备生物多样性的海洋愿景，实现了欧洲海洋战略框架指令要求的"良好环境状态"，实现了欧洲水框架指令要求的"良好状态"。

较之以前的用海活动，对人类在海洋环境中的活动有效、综合和战略的管理将使得社会更加受益，其丰富的自然和文化遗产将得到更好的保护，海洋区域和更广泛环境的可持续发展将得以实现。

气候变化将改变环境和人们利用环境的方式。可再生能源开发会成为常态，还会进行碳捕获和存储。在此背景下管理用海的环境影响，还将考虑已经影响到海洋的酸度和温度变化。您将采取我们的共同措施来应对，以保护海洋、沿海生态系统和海洋文化遗产的完整性。

您将因各种各样的原因使用海洋，提供更大的经济和社会效益。然而，海洋规划意味着海洋环境中的各种活动将要共存，且不同活动对彼此和对环境的影响将要得到合理考量和持续管理。海洋产业作为一个整体将为国家带来财富。

那时，人们会尊重海洋环境，因其本身，因其提供的资源，因其对我们文化的塑造作用。

海洋产品的消费者都会希望能持续获得产品（例如海上可再生能源或海鲜），因此生产商将会时刻记得评估其运作的环境和社会影响。海洋环境使用者会为自己的行为负责。水下噪声会受限制，避免显著影响海洋环境，垃圾处理也不允许损害海洋环境。海洋规则将有助于安全航行，而海岸带的管理将促进可持续发展并保护沿海地区的文化遗产。我们的海洋遗产资产和重要的休闲场所会得到适当的保护和利用，而我们海岸线周围海景特色的多样性也将得到维护。

我们的海域将比现在更干净、更健康，它们将是生态多样化和动态的。污染物、治污物和毒素的含量水平不会显著影响人体或生态系统的健康。生态系统会适应环境变化，并能提供当代人和后代人所需要的商品和服务。珍稀、脆弱、有价值且具代表性的物种和栖息地将受到保护。

我们将采取管理措施，确保人类活动不会导致生物多样性净损失，确保人类引入的非本土物种不会对生态系统产生不利影响。适当的管理措施（如受到良好管理的海洋保护区的生态协调网络）有助于此，在某些情况下，还能使生态系统能够从先前的破坏中恢复过来。

未来的鱼类资源将会十分丰富，且可持续收获，商业渔民和休闲渔民之间可适当分成。

从长远来看，海洋环境中人类活动的管理将为全社会谋取长期利益，以此实现海洋区域和更广范围的可持续发展。

我们的海洋——一种共享资源

环境、食品和农村事务部

(Department for Environment, Food and Rural Affairs，2009)

为什么注重海洋空间规划的绩效监测和评估

温馨提示! 衡量结果的意义

> 如果你不衡量结果,你无法辨别成败。
>
> 如果你看不到成功,你无法回报成功。
>
> 如果你不能回报成功,你或许在鼓励失败。
>
> 如果你看不到成功,你就不能汲取经验。
>
> 如果你看不到失败,就无法纠正错误。
>
> 如果你可以证明结果,你就能赢得公众的支持。
>
> Osborne和Gaebler,1992
>
> 美国管理顾问

绩效监测和评估超越了关注投入产出的传统评估,其有效利用可帮助政策制定者和决策者重点关注和分析结果。投入和产出鲜少体现出海洋空间规划的有效性和效率,但是传统的评估仍然是绩效评估链的重要组成部分,它是政府和利益相关者最感兴趣和最看重的结果。

建立和维持绩效评估系统并不是一件容易的事。它需要持续不断地努力投入时间和资源。建立这些系统时可能要克服许多组织和技术上的挑战,政治挑战通常是最困难的。系统可能需要多次尝试,才能够有效评估海洋空间规划,但这是可行的。鉴于表现良好绩效的需求及相关条件日益增长,可以确定这样的尝试是值得的。

良好的绩效评估系统还可积累知识,因其促使政府和组织建立包含各种成功的计划和管理措施的知识库——更笼统地说,什么可行,什么不可行,以及为什么。绩效评估系统还有助于强化透明度和问责制,可能在政府或组织的其他方面也产生有利的溢出效应。简而言之,绩效衡量具有重要意义(Kusek,Rist,2004)。

绩效监测与评估之间存在什么关系

绩效监测和评估是密切相关的。两者都是提供决策依据和体现问责的必要管理工具。评估不能代替监测，监测同样也不能代替评估。两者采用同样的步骤，却生成了不同的信息。系统地生成的监测数据（见表1-3，表1-4）对于成功的海洋空间规划评估至关重要。

绩效监测与评估有哪些好处

透明度和问责性：绩效评估可以帮助促进组织和政府内的透明度和责任意识。对成果的阐释和展示可能产生有利的溢出效应。外部和内部利益相关者将会更了解计划和管理措施的现状。

展示积极结果的能力可帮助赢得政治和公众的支持。实施绩效评估时，会有相关的组织和政治上的成本和风险。然而，不实施也会涉及巨大的成本和风险。

信息与知识：监测和评估可以是知识的源泉。它们使政府和组织建立一个拥有成功管理措施的知识库，更概括地说，什么可行，什么不可行以及为什么？

表1-3　海洋空间规划监测和评估的特性

监测	评估
持续性	周期性：在重要节点进行，如海洋空间规划实施中期；在最后时期或一个实质性的时期
假设计划、其目标和指标的适宜性	可以质疑计划、其目标和指标的相关性
跟踪少数指标的进展	可以识别计划内外产生的影响和效果
保持跟踪：分析和记录有利于实现海洋空间规划目标的进展情况	深入分析：计划与实际产出和结果的对比
侧重于投入、活动、产出、实施过程、持续的相关性、成果水平的可能结果	侧重于输出和产出投入比；成果成本比；用于实现结果的过程；总体相关性；影响；可持续性
回答实施了哪些海洋空间规划管理策略，以及实现了什么结果	回答为什么和如何实现结果；有助于建立更有效和高效的海洋空间规划管理策略
提醒管理人员问题，并提供修改措施选择	为管理人员提供海洋空间规划管理策略和替代选择

来源：根据世界粮食计划署（World Food Programme）和其他来源改编

在管理面向给定目标进展的监测和评估过程中，绩效评估还可以提供连续反馈，在这种情况下，它们提升了适应性管理方法。

学习：评估不是简单地衡量成果，其要求通常更为精细。评估所需类型取决于我们对规划、其功能或目的的假设。因此，对海洋空间规划计划进行评估，不仅要看它们的成果，还要看它们如何让决策者洞悉现在和未来面临的问题。计划提高了人们的认识，才可以说发挥了作用（不论结果如何）。也只有计划帮助决策者认清现状，计划才算发挥了作用，所以需要就这一点以及最后的结果对计划进行评估。

表1-4 监测和评估的互补作用

监测	评估
明确计划目标	分析为什么没有实现预期结果
将活动及其资源与目标联系起来	根据结果进行活动的具体因果贡献分析
将目标转换至绩效指标并设定过渡目标	检查实施过程
定期收集这些指标的数据，将实际结果与过渡目标相比较	提供经验教训，突出显著成就或计划潜力，并提供改进建议
向管理者报告进展并提醒他们注意的问题	提供经验教训，突出显著的成就或计划潜力，并提供改进建议

来源：美国国际开发署（US AID）

您是否具备进行海洋空间规划绩效有效监测和评估的机构能力

监测和评估报告系统要想在海洋空间规划计划和管理措施绩效方面生成可靠、及时的相关信息，其设计和建立就必须要有一定的经验、技能和机构能力。对于以绩效报告为基础的系统，这种能力必须至少包括：可以成功设定指标；有方法收集、汇总、分析和报告绩效数据，与指标及其基准比较；以及知识技能兼备的管理人员知道如何处理实时信息。在政府内建设这种绩效评估能力需要长期的努力。

许多组织更愿意秘密操作，他们不希望公布自己的绩效和成果数据。实行绩效评估揭示了组织的绩效问题，不是所有的利益相关者都乐意将绩效公之于众。而这只是绩效评估带来的政治挑战（不只是技术挑战）之一。

从以往其他规划的评估经验中可以汲取什么经验

虽然海洋空间规划是一个相对较新的领域，但也已经借鉴了以往各类规划的监测和评估经验：

- 不同的评估需求需要不同的评估方法——没有普适方法。广义上看，效力衡量方法的优点在于它们能在各种环境下提供方法，确定哪些管理措施有效，以及避免无效管理措施。对于决定如何分配稀缺资源的实践者而言，这是重要信息。这些方法的主要挑战是耗时。在某些情况下，组织仅仅专注于结果和绩效，很少或根本不重视管理过程或其他变量，而这些因素可能影响管理措施实现预期效果的能力；

- 现行评估方法存在概念上的相似性。特定方法、术语和步骤顺序以及基本原则下各种绩效评估方法基本一致；

- 评估方法中术语使用不一致会阻碍组织之间的沟通和理解，比如，有人称"目的"，另一个人却称"目标"；有人称"结果"，另一个人却称"成果"，还有人称"影响"或"效果"。虽然这些差异可能听起来微不足道，但它们会严重阻碍组织了解彼此的绩效评估系统以及统一进行沟通；

- 评估系统组件之间的混乱阻碍实践者选择适合其需求的组件。例如，PSR确实是提供理解一般因果关系模板的概念性框架，一些机构使用压力—状态—响应（PSR）的框架作为他们的评估方法。进行绩效评估时，知道是否需要提供具体步骤和指导的方法很重要。这种方法可能包括一些工具，如计分卡，但方法——而不是工具——是用来详细说明评估过程步骤的；

- 只监测定量生态或生物信息是不够的——社会、政治和文化信息，以及定性数据有助于更完整地认识海洋区域的现状。对监测应超越定量生物或生态信息的认识反映出海洋空间规划发生在受人口影响的复杂环境中。了解定量和定性方法和措施的优缺点以及知道合适的使用时间是很重要的。实践者应清楚自己的信息需求并利用可用资源，收集满足这些需求所需的最低信息量（Stem et al., 2005）。

来源和辅助读物

Belfiore, S., J. Barbiere, R. Bowen, B. Cicin-Sain, C. Ehler, C. Mageau, D. McDougall, & R. Siron. 2006. A Handbook for Measuring the Progress and Outcomes of Integrated Coastal and Ocean Management. Intergovernmental Oceanographic Commission, IOC Manuals and Guides No. 46, ICAM Dossier No. 2. UNESCO: Paris.

Bellamy, J., D. Walker, G. McDonald et al. 2001. A systems approach to the evaluation of natural resource management initiatives. Journal of Environmental Management. Vol. 63, No. 4. pp. 407–423.

Bryson, J.M., M.Q. Patton, R.A. Bowman. 2011. Working with evaluation stakeholders: a rational step-wise approach and toolkit. Evaluation and Program Planning, Vol. 34.

Cundill, G., & C. Fabricius. 2009. Monitoring in adaptive co-management: toward a learning-based approach. Journal of Environmental Management. Vol. 90, pp. 3205–3211.

Day, J. 2008. The need and practice of monitoring, evaluating, and adapting marine planning and management. Marine Policy. Vol. 32. pp. 823–831.

Department for Environment, Food, and Rural Affairs (Defra). 2009. Our Seas—a Shared Resource: high-level marine objectives. London, England: Defra. p10.

Douvere, F., and C. Ehler. 2010. The importance of monitoring and evaluation in maritime spatial planning. Journal of Coastal Conservation. Vol 15, No. 2. pp. 305–311.

Commission of the European Communities, 2008. Roadmap for maritime spatial planning: achieving common principles in the EU. COM(2008)791 (final).

Faludi, A. 2010. Performance of Spatial Planning. Journal of Planning Practice and Research, Vol. 15, No. 4. pp. 299–318.

Hakes, J.E. 2001. Can measuring results produce results: one manager's view. Evaluation and Program Planning. Vol. 24, pp. 319–327.

HELCOM/VASAB, OSPAR and ICES. 2012. Report of the Joint HELCOM/VASAB, OSPAR and ICES Workshop on Multi-Disciplinary Case Studies of MSP(WKMCMSP), 2-4 November 2011, Lisbon, Portugal. Administrator. 41 pp.

Hermans, L.M., A.C. Naber, & B. Enserink. 2011. An approach to design long-term monitoring and evaluation frameworks in multi-actor systems: a case in water management. Evaluation and Program Planning. Vol. 35, pp. 427–438.

Hockings, M., S. Stolton, N. Dudley, & R. James. 2009. Data credibility—what are the "right" data for evaluating management effectiveness of protected areas? New Directions for

Evaluation 122: 53–63.

Hockings, M. 2000. Evaluating protected area management: a review of systems for assessing management effectiveness of protected areas. School of Natural and Rural Systems, University of Queensland Occasional Paper No. 4. p58.

Interagency Ocean Policy Task Force. 2009. Interim framework for effective coastal and marine spatial planning. The White House Council on Environmental Quality, Washington. July.

International Federation of Red Cross and Red Crescent Societies. 2011. Project/ Programme Monitoring and Evaluation Guide. Geneva, Switzerland. p132.

Kusek, J.Z., and R.C. Rist. 2004. Ten Steps to a Results-based Monitoring and Evaluation System. The World Bank: Washington, DC. p247.

McFadden, J.E., T.L. Hiller, & A.J. Tyre. 2011. Evaluating the efficacy of adaptive management approaches: is there a formula? Journal of Environmental Management, Vol. 92, pp. 1354–1359.

Margoluis, R., and N. Salafsky. 1998. Measures of Success: Designing, Managing, and Monitoring Conservation and Development Projects. Island Press: Washington, DC. p362.

Margoluis, R., C. Stern, N. Salafsky, & M. Brown. 2009. Using conceptual models as a planning and evaluation tool in conservation. Evaluation and Program Planning. Vol. 32, pp. 138–147.

Oliveira, V., and R. Pinho. Measuring success in planning: developing and testing a methodology for planning.

Osborne, and Gaebler. 1992. Reinventing Government. Addison-Wesley: Boston, MA. Salafsky, N., R. Margoluis, K. Redford, and J. Robinson, 2002. Improving the practice of conservation: a conceptual framework and research agenda for conservation. Conservation Biology. Vol. 16, No. 6. pp. 1469–1479.

Stem, C., R. Margoluis, N. Salafsky, and M. Brown. 2005. Monitoring and evaluation in conservation. Conservation Biology. Vol 19, no. 2. pp. 295–309.

Tallis, H., S.E. Lester, M. Ruckelshaus et al. 2012. New metrics for managing and sustaining the ocean's bounty. Marine Policy, Vol. 36 pp. 303–306.

United Nations Development Programme (UNDP). 2002. Handbook on Planning, Monitoring and Evaluating for Development Results. UNDP Evaluation Office, New York, NY. Available at: http://www.undp.org/eo/documents/HandBook/ME-HandBook.pdf.

Walters, C. 1997. Challenges in adaptive management of riparian and coastal ecosystems. Conservation Ecology [online]1(2):1. Available at: http://www. consecol.org/vol1/iss2/art1/.

第2部分

海洋空间规划绩效监测和
评估的8大步骤

第1步

确定监测和评估需要，并编制评估计划

这一步骤的成果是什么

☞ 成立绩效监测和评估小组。

☞ 完成海洋空间规划评估过程的工作计划草案。

> [注：如果已经有合适的绩效监测和评估小组，并已制订了评估工作计划，可以跳至第2步。]

任务 1：确定绩效监测和评估需要

在设计和实施绩效监测和评估过程之前，确定评估结果的服务对象很重要。是什么推动了评估的需要——是立法所需，是资金要求，还是高层执行人员和管理员需要信息确定未来决策？政府行政或立法机构中是否有想要使用评估信息的拥护者？谁将会从评估中受益——管理者、立法者、审计师，公众，还是非政府组织？谁将无法从评估中受益？

任务 2：确定绩效监测和评估小组的成员

应尽早形成绩效监测和评估小组。应该由海洋空间规划过程的总管理者或资深的专业评估人员作为该小组总负责人。此外，该小组成员还可包括：

- 海洋空间规划专业人员，包括自然科学家和社会科学家；
- 负责海洋空间规划的机构代表；
- 来自负责海洋空间规划的机构或外部承包商的测量专家（最好熟悉海洋空间规划）；
- 信息处理专家。

该小组的成员不应超过10～12名。小组成员在1～2年时间内应投入到这项进程中，进行经常性定期工作。还可根据需要增加小组成员和引进专业技术。

任务3：制订绩效监测和评估计划

一旦小组组建完成，就开始初始规划或范围界定阶段，以阐明绩效监测和评估过程的性质和范围。在本任务期间，应确定监测和评估的主要目的、明确要咨询的利益相关者以及建立完成评估结果的时间框架。

这是测试阶段。确定关键问题要基于管理合作伙伴和其他利益相关者的观点，对现有文件材料的审阅以及可能会影响项目的相关管理措施。应确定评估潜在的假设。

在初始规划末尾，应有足够的背景知识进行评估，评估可能采用一般方法。评估计划的核心内容是评估设计部分，其在评估计划中占最重要位置。通常的经验是，完成监测和评估计划之前就向管理合作伙伴和其他主要利益相关者提出并与之讨论整体设计。必须要肯定的是，这种做法能够提高对评估的认同和支持。而咨询小组和同行评审是确保计划质量的智囊团。

绩效监测和评估计划的设计应考虑到下列问题：

绩效监测和评估的先决条件是什么？在海洋空间规划过程中，只有通过明晰的目标确定了预期成果，有效的绩效监测和评估才能进行。

实施绩效监测和评估：8个关键问题

（1）什么压力刺激着绩效评估的需求？绩效评估的需求可能来自负责和公开的压力，可能来自期待投资成果的资助组织，更可能是来自想要了解什么可行、什么不可行的渴望，进而修改和提高整体管理系统。

（2）你是否拥有绩效评估的拥护者？评估的拥护者或提倡者是推动基于结果的评估能够成功并且可持续的关键。一个坚定的拥护者能够成为更明智决策的倡导者，还可以反驳反对实施评估的群体。

（3）是什么促使你的拥护者支持绩效评估？

（4）谁将从绩效评估中受益？

（5）他们真正想要的信息有多少？

（6）绩效评估是否会直接协助资源的分配和实现海洋空间规划的目的和目标？

（7）您有能力承担绩效评估吗？

（8）机构、拥护者、工作人员与利益相关者将对评估的负面信息做何反应？

从哪里开始

考虑评估之前，即在收集任何数据之前，你应该对结果的设计和使用计划进行仔细思考，以确保不浪费时间、精力和资金。

Bowen和 Riley（2003）总结了5个应合并到绩效监测和评估系统的一般步骤：

- 明晰指标体系，促进具体指标的选择。在环境和问题上达成协议，对替代框架进行评估，确定它们在选择最大价值指标集时的适用性。此类考量的核心应该是海域使用者的群体需求和价值；
- 确定一个高效和有效的数据采集（监测）策略。现有数据源的确切含义应包括工作的成本、兼容性和可持续性；
- 创建和维护一个持续的信息管理系统。必须通过创建质量保证/质量控制系统广泛和公开地提供数据；
- 同意数据分析协议。监测的最大难题是过于重视对数据的收集，而忽视了对数据的深层分析和解释；
- 开发报告产品，确保信息能够传达至利益相关者群体，并获得他们的理解。海洋利益相关者的数量和性质远远超出了科学或管理群体。传统的报告（即打印的报告）形式在使利益攸关的人员知晓信息上日益受限。因此需要更全面地利用新的图形显示、信息管理技术以及社交媒体（见第8步）。

任务 4：利益相关者参与

海洋空间规划的各个阶段应让利益相关者参与进来。利益相关者的广泛参与不仅将提高结果的权属性和责任性，还能提高绩效评估的可信度和透明度。

应咨询有关各方，且他们应参与进程中每个关键步骤的决策。在适当的时候，应咨询监测和评估结果的利益相关者，并让其参与制订监测和评估计划、拟定评估的职责范围、鉴定评估者的选择、为评估者提供信息和指导、审查评估草案、准备和实施管理应对，并传播和内化评估生成的知识。

在冲突环境中，评估要透明，确保各小组意见平衡，这样以包容的态度进行评估有利于把不同团体召集起来共商意见。重要的是每个小组不会感觉（事实上或是误解）受到排斥或歧视，避免加剧紧张和脆弱性（联合国开发计划署，2002）。

在利益相关者参与其海洋空间规划的过程中，马萨诸塞州联邦建立了一个"黄金标准"。为使利益相关者参与进来，规划过程不同阶段采用了各种方法：

- 利用现有的委员会或其他治理机构为利益相关者提供观点，或作为收集利益相关者优先事宜信息的手段；
- 建立和维护一个非正式的意见领袖网络，定期就利益相关者群体优先事宜和目标征询其意见；
- 通过网站、新闻公告等渠道经常进行交流，让广大利益相关者群体知悉海洋空间规划的过程和决策信息；
- 召开公开会议告知利益相关者海洋空间规划过程的重要节点，并征求重要决策的反馈意见；
- 利用焦点小组、问卷调查或相关战略征求利益相关者的目的、优先事宜、价值观和观念等信息；
- 规划的整个过程中，通过利益相关者指导委员会就重点规划决策提出建议，如设置长期目标，建立评估管理措施的选择标准和（或）权重方案。

来源和辅助读物

Carneiro, C. 2013. Evaluation of marine spatial planning. Marine Policy. No.37. pp. 214–229.

Williams, B. K., R. C. Szaro, and C. D. Shapiro. 2009. Adaptive Management.U.S. Department of the Interior Technical Guide. Adaptive Management Working Group, U.S. Department of the Interior, Washington, DC. p72.

第2步

确定海洋空间管理计划的可量化目标

这一步骤的成果是什么

☞　海洋空间规划可量化目标列表。

为什么可量化目标很重要

可量化目标在评估绩效、减少不确定性以及随时间不断改进海洋空间规划中起到了关键作用。由于管理目标用于指导管理人类用海活动的决策，它们应比"粗略的"表述或整体管理目的更具体。例如，一般的表述如"保持海洋生物多样性"或"改善水质"是为什么进行管理的大致表述（目的），不是可以帮助指导决策的可量化目标。

目标源自目的。目的可以有多个目标。例如，维持生物多样性的单一目的可有与物种和栖息地相关的多个目标。

任务 1：确定海洋空间管理计划的可量化目标

管理目标是什么

> **目标的定义**
> 目标是代表实现一个管理目的的预期成果的特定表述。目标应与适当的指标和相关过渡目标相关联。

海洋空间规划目标如何不同于目的

海洋空间规划过程部分已经讨论过，目的不同于目标。目标来自目的；目的是有抱负的；目标是操作层面的。目的是定性的；目标应尽可能是定量的。每种管理目的最少应有一个目标。

SMART目标从何而来

20世纪50年代早期，将管理描述成独特活动并视作其为独立责任的第一本书出版（德鲁克，1954）之后，目标管理在管理领域变得众所周知。具体和可量化目标这个想法至少可以追溯到10年前的商业和教育出版物。第一个正式使用缩写词"SMART"（具体、可衡量、可实现、相关和有时限）的参考文献于1985年出版（Blanchard，1985）。

SMART目标的特性是什么

SMART目标的一些特性包括：

（1）具体：在确定海洋空间规划过程的期望结果方面，目标应该具体、详细、重点突出和定义明确（您是否指明您想实现什么？）；

（2）可衡量：目标的成果和其实现进度应是可衡量的——最好是在数量上（您可以衡量您想要达到什么目标吗？）；

（3）可实现：在资源和努力的合理投入下，目标应是可以实现的（实现该目标所需的资源是否可用？）；

（4）相关或现实：目标应单独或通过与其他目标结合达到预期目的；

（5）有时限：目标应注明涉及欲完成目标的起始日期和结束日期（您何时想要达到该具体目的或目标？）。

SMART目标的设定不是单一形式的。它将取决于目标的性质及其预期用途。真正的考验是将目标陈述和你选择使用的SMART准则进行对比，以及回答一个简单的问题：目标陈述是否符合（即使并非全部）大部分的标准？

SMART目标有哪些例子

SMART目标的实例包括：

- 到2020年实现海洋区域近海可再生能源利用占整体能源利用比重达到20%；

- 到2006年实现排放入海的石油和煤气产出水含油总量至少减少15%（与2000年相比）；

温馨提示！ 编写 SMART 目标

（这些想法看似简单，但往往是最容易遗漏或忽略的）

- 确保厘清了目的和目标之间的差异；若完成目的需要的话，设定尽可能多的目标；

- 不必非得遵循SMART规则；通常它最好开始时就是"可测量"的（如何才能衡量想实现什么？）；"可测量"是最重要的考虑因素。否则该如何来定义成功？

- 可实现与可衡量相关联。定义一个明知无法实现或不知是否能够完成或何时才能完成的成果是毫无意义的。如何确定它是否可实现？是否拥有必要的资源来完成它？这些都是重要的问题；

- 细节决定成败。是否每个参与的人都了解目标是什么？他们是否摆脱了难懂的行话？是否已经定义了专业术语？是否使用了恰当的语言？

- 有时限指的是设定最后期限。必须确定最后期限，否则目标将无法被衡量。

指定SMART目标是一个困难的任务。但这是值得的。您将能够真正知道已经完成了哪些既定目标。

改编自：安德鲁·贝尔
"SMART目标的10大步骤"

- 到2018年保护潜鸟90%的重要栖息地；
- 到2020年确保足够和适当的海洋空间可用于生产25%近海资源的能源需求；
- 到2012年实现海洋保护区的代表性网络；
- 到2015年减少50%决策海洋建造工程许可所需的时间。

在海洋空间规划实践中，是否有用到SMART目标的实例？明确指定和可量化的目标，即SMART，在海洋空间规划实践中并不多见。然而，也存在几个实例。

例如，苏格兰在其海洋计划草案中含有几个水产养殖的SMART目标：

- 到2020年，以每年4%的速率增加海洋长须鲸的可持续生产量，以实现在目前的产量上增长50%；
- 到2020年，增加50%幼年鲑鱼和鳟鱼的可持续淡水生产量；
- 到2020年，增加水生贝壳类动物的可持续生产量，特别是蚌类，应至少翻一番。

依照法律，英国致力于到2020年实现可再生能源占总需求比重达到15%。其气候变化法案要求到2050年，减少温室气体排放使其至少比1990年的水平低80%，虽然到2050年电力需求会增加30%～100%。

德国的可再生能源法规定，到2020年，10 000兆瓦（10个核电厂的输出）将连接到输电网，且可再生能源在德国电力结构中的比重将从12%调整为20%。为了实现这个目标，德国在北海和波罗的海已经开辟了20个风电场建设区。

普及桑（美国）合作关系已经通过了可以解释为SMART目标的"生态系统恢复目标"（http://psp. wa.gov/downloads/AA2011/2011_Targets_11_03_11.pdf）。

来源和辅助读物

Bell, Andrew, undated. Ten steps to SMART objectives. At: http://www.natpact.info/uploads/Ten%20Steps%20to%20SMART%20objectives.pdf.

Blanchard, Ken, 1985. Leadership and the One-Minute Manager.

Drucker, Peter, 1954. The Practice of Management. Harper Collins: New York. p404.

"
目标不是命运；而是方向。
不是命令；而是承诺。
目标并不能确定未来；
它们只是调动资源的手段和企业制造未来的能量。
"

彼得·德鲁克
美国管理顾问

"除非立即付诸艰苦的工作，否则计划只能是美好的愿望。"

彼得·德鲁克（1909—2005），美国管理顾问

第3步

确定海洋空间管理措施

这一步骤的成果是什么

☞ 确定空间管理计划中每个目标的管理措施。

[注：一个目标可以由多种管理措施来满足。]

管理措施如何与目标相关

每个目标应至少有一个或一组管理措施用于实现目标。

什么是管理措施

管理措施是所有管理计划的核心。它们是将要实施的集体行动，用于达成计划的管理目的和目标。管理措施应是绩效监测和评估的重点。选定的管理措施是否是实现管理目标的最有效的方法？它们是否是实现管理目标最低成本或最经济有效的方法？它们公平吗？谁出钱、谁获益？

> **管理措施的定义**
>
> 管理措施是实现管理目标所采取的具体行动；管理措施也应确定将用于其实施的激励机制（法规、经济、教育）以及有权使用激励机制实施管理措施的机构或制度安排。

海洋区域的综合管理计划将有许多管理措施（不都是空间和时间上的）应用到人类活动的重点领域，如渔业、海洋运输、海洋可再生能源、矿产开采以及使用海域资源的油气利用。

> **切记！**
>
> 任何规划都有一个非常重要的目的——扩大制定管理措施考虑的备选范围。如果规划者和决策者仅考虑一个或几个管理措施，那么海洋空间规划的目标很可能不能实现，或者付出超出必要的相当大的成本才能实现。

更改波士顿航道以减少鲸的攻击

波士顿海运航道的调整阐明了如何使用海洋空间规划使工业、政府和环保界共同满足特定需要。波士顿航道的一个小小改变避免了海员与鲸（极度濒危物种）的危险碰撞。进出波士顿港航道的船只通过大量座头鲸、露脊鲸以及其他鲸类的生存水域，

集装箱船和露脊鲸（红圈位置）侥幸免撞

尤其是波士顿近海的斯特尔威根海岸国家海洋保护区，使得该区域鲸类和船舶有碰撞风险。与船舶碰撞是濒危的北大西洋露脊鲸死亡主要的人为原因。

利用25年间收集的鲸类踪迹的数据，研究人员发现航道刚好靠近一个相对较少鲸类出没的区域。科学家们证实了这些发现，并研究鲸类摄食行为和编制海底地图以更全面地了解鲸类活动的区域。

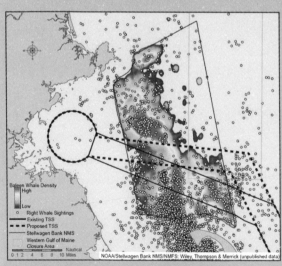

波士顿港入口的鲸类分布和航道变换（NOAA）虚线是新的分道通航制区域（TSS）

根据这些数据，有人提议将航道向北转移12度至鲸类更少的区域。2007年，基于多利益相关者程序的建议，国际海事组织对航道进行了转移。新生成路线增加了10～22分钟的船舶行程时间，但减少了58%与极度濒危露脊鲸的碰撞风险，81%与其他须鲸类的碰撞风险。

有哪些不同类型的海洋管理措施例子

如表2-1所示，管理措施分为4类。

表2-1　海洋区域管理措施的类别

1. 输入措施：指定人类活动输入的措施，如 • 捕鱼活动或捕鱼量的限制 • 航运船只的大小或功率的限制 • 农田化肥和农药的用量限制
2. 过程措施：指定人类活动过程性质的措施，如 • 渔具类型、网目尺寸规范 • "最佳可行技术"或"最佳环境实践"规范 • 废物处理技术水平规范
3. 输出措施：指定人类活动输出的措施、如 • 排放海洋环境污染物数量的限制 • 可捕量和副渔获物的限制 • 砂石开采吨位的限制
4. 空间和时间措施：指定何时何地可以进行各种人类活动的措施，如 • 指明禁止捕鱼区域和禁止能源开发区域 • 明确特殊用途区域，例如风力发电场、砂石开采、废物处理 • 指定海洋保护区
注：管理措施例子在下文进行明确

1. 输入管理措施：指定海洋区域人类活动输入的措施

表2-2　输入管理措施例子

1.1	限制捕捞活动或捕捞量，例如允许在海洋区域捕鱼的船只数量
1.2	限制海洋区域的船舶大小或功率
1.3	指定渔具类型、网目大小等
1.4	禁止在海洋区域使用移动（拖曳）渔具，例如拖网和耙网
1.5	通过海域增加的水产养殖扩大食物供给
1.6	限制海洋区域操作的游船数量
1.7	建立海洋区域中使用船舶的建造标准
1.8	要求在海洋区域使用低硫船用燃料

2. 过程管理措施：指定海洋区域人类活动生产过程性质的措施

表2-3　过程管理措施例子

2.1	禁止在海洋区域进行炸药或氰化物捕鱼
2.2	禁止在海洋区域割鳍弃鲨
2.3	指定在海洋区域使用的渔具类型、网目大小等
2.4	禁止在海洋区域进行海底拖网捕捞
2.5	限制海洋区域的捕捞力度（海上航行天数）
2.6	在海洋区域内，要求渔网上装有海洋哺乳动物和海龟逃生装置（TEDS）
2.7	要求在海洋区域使用的工业设备装有噪声抑制装置
2.8	要求在海洋区域"超低速航行"以减少废弃物排放，降低对海洋哺乳动物可能造成伤害的风险
2.9	当海洋区域出现海洋哺乳动物、海龟、鱼群或鸟群时，限制水下疏浚爆破
2.10	指定"最佳可行技术"或"最佳环境实践"的使用
2.11	制定海洋区域工业经营的健康、安全和环保标准
2.12	鼓励海洋产业制定自律行为守则
2.13	要求海洋区域内所有海洋产业操作具备应急预案
2.14	要求海洋区域内具备有效的石油和有害物质泄漏应急能力
2.15	要求清除废弃的海上基础设施
2.16	改善海洋区域内的海图、航标和其他海洋服务

3. 输出管理措施：指定海洋区域人类活动输出的措施

表2-4　输出管理措施例子

3.1	限制陆地和海上工业源排放至海洋区域的污染物量
3.2	限制压载水排放
3.3	限制海洋区域的可捕量
3.4	要求将油气操作中受到油基液体污染的钻屑注入地下地层或运送到岸上进行处理
3.5	限制海洋区域内允许的意外副渔获物，包括海鸟、海洋哺乳动物和海龟
3.6	限制海洋区域操作的游船数量
3.7	建立船舶建造标准
3.8	要求在海洋区域使用低硫船用燃料
3.9	限制海洋区域开采的砂石量
3.10	建立工业操作（如石油和有害物质泄漏）对海洋区域和资源产生破坏的责任和赔偿制

4. 空间和时间管理措施：指定何时何地海洋区域可以进行人类活动的措施（见以下部分表格了解更多例子）

表2-5　空间和时间管理措施例子

4.1	指定仅进行特定活动的区域或地区，例如商业捕鱼、当地渔猎、石油和天然气开发、采砂、军事行动——全部时间
4.2	指定禁止特定活动的区域或地区——全部时间（空间限制）
4.3	指定允许特定活动的区域或地区——特定时间期间（时间限制）
4.4	指定禁止特定活动的区域或地区——特定时间内，如石油和天然气开发作业的季节性限制
4.5	指定允许所有人类活动的区域或地区——全部时间，例如开发区、"机会领域"
4.6	禁止在环境或生态敏感区进行疏浚物处置
4.7	指定安全地带、警戒区、安全区、路权
4.8	要求在海洋区域使用低硫船用燃料

4.9	限制特定生命阶段的捕鱼，例如不在产卵场和幼鱼地区进行捕鱼，无论是永久禁渔还是暂时禁渔，皆取决于物种
4.10	指定旅游活动（如游船）可能接触敏感地区（如海豹出没区域）或敏感动物（如鲸/海豚）的距离
4.11	指定重要栖息地、环境敏感区（EBSAs），例如海洋哺乳动物饲养区、鱼类产卵区
4.12	指定避航区（ATBA）以减少大型远洋船舶撞击海洋哺乳动物的风险
4.13	指定一个特别敏感海域（PSSA）向易受海上活动破坏的敏感地区提供特别保护（由国际海事组织指定）
4.14	在海洋区域设立产业操作的排放控制区（ECAs）（根据防止船舶污染国际公约附件Ⅵ）
4.15	限制文化、宗教或考古遗址附近的人类活动
4.16	为原住民提供区域或季节的专用
4.17	限制指定离岸距离内的人类活动，如风力发电场
4.18	提名生物或生态重点地区作为世界海洋遗址（各国政府通过世界遗产委员会）

来源和辅助读物

Cochrane, Kevern L., and Serge Garcia (eds.), 2009. A Fishery Manager's Guidebook. Second Edition. Food and Agricultural Organization of the United Nations and Wiley-Blackwell. 544 p.

"并非所有计算得清楚的东西都重要，也并非所有重要的东西都计算得清楚。"

爱因斯坦（1879—1955），德裔美籍物理学家

"制定良好的指标需要多次尝试。要最终形成一套合适的指标则需要更多的时间。"

Jody Kusek 和 Ray Rist，2004

第4步

确定海洋空间管理措施的绩效指标和目标

这一步骤的成果是什么

☞ 每个管理措施至少明确一个指标。

[注意，一个管理措施可以有多个指标。]

温馨提示！ 确定指标

为了更好地在海洋及海岸管理和海洋保护区管理中确定和应用指标，推荐几本重要的参考书籍，包括：《How Is Your MPA Doing》(Pomeroy, Parks and Watson，2004)、《A Handbook for Measuring the Progress and Outcomes of Integrated Coastal and Ocean Management》(Belfiore，2006)，这些参考书籍均是本部分内容的背景材料。

指标如何与管理措施建立联系

每个管理措施应至少明确一个或一组指标，用于测量和评估其随着时间推移的绩效表现。

温馨提示！

想要了解更多管理目标、管理措施和指标之间关系的实例，可参阅本指南附件（附表1-1）"海洋空间规划要素之间关系的例子"。

"一切绩效测量过程的核心功能都是为绩效成果指标
提供定期、有效的数据。"

Harry P. Hatry，2006

美国城市研究所管理顾问

绩效指标是什么

> **绩效指标的定义**
>
> 绩效指标是定量或定性的陈述或能够用于衡量特定管理措施随时间推移效果的测量（观察）参数。

指标通常会简化复杂现象，以便于能够把信息快速传递给政策制定者和其他利益相关者（包括一般公众）。这些指标是海洋空间规划反馈过程中的重要工具，能够对将出现的问题发出预警信号，或是为参与、教育和认知提供简明的信息（Belfiore et al.，2006）。

有效的海洋空间规划基于4个简单的问题：

* 投入：我们需要什么来进行管理？
* 过程：我们如何去管理？
* 产出：我们做了什么，并生产了什么样的产品和服务？
* 成果：我们究竟达到了什么目的？

需要为各个类别制定相应的指标，但这是利益相关者和公众最不关心的有关真正结果的问题。

指标的主要类型是什么

海洋空间管理指标划分为3类：

* 治理指标衡量了海洋空间规划过程的阶段绩效，如海洋空间管理规划和实施情况、利益相关者参与、遵守和执行情况以及海洋空间管理计划和管理措施的进展和质量情况；在无法衡量有效成果的海洋空间规划过程初期，治理指标十分重要；
* 社会经济指标反映了沿海和海洋生态系统人类组成部分的状态（例如经济活动水平）是制订海洋空间规划的必需因素。社会经济指标帮助衡量海洋空间规划管理人类活动所造成压力的成功程度，不仅使自然环境得到改善，而且使沿海和海洋地区人们的生活质量得到提高，同时还获得可持续的社会经济效益；

- 生态和环境指标反映了海洋环境特性的变化趋势。指示涉及特定问题的环境状况（例如水体富营养化、生物多样性丧失和过度捕捞）时，这些指标本质上是描述性的。

指标和指数之间的差异是什么

指数是由两个或多个指标相结合而成。指数通常用于更宏观的水平，如国际或国内研究。在这些水平上，分析因果联系并不容易，因为不同指标之间的关系随着宏观程度越高也变得越来越复杂。

本指南不探讨指数的建立，如果要了解总体"海洋健康指数"，可访问网站：http://www.oceanhealthindex.org.

良好指标的特性是什么

不存在适用于所有海洋区域的通用指标集合。然而，针对不同区域都应通过良好的实践精选出一套小型的指标集合。良好指标的特性包括：

- 与管理目标（第2步）和管理措施（第3步）相关；
- 容易衡量：在支持管理所需的时间尺度上利用现有仪器、监测方案以及可用的分析工具。它们应具备完善的置信区间，且应从背景噪声中区分出来；
- 经济有效：指标应符合成本效益，因为监测资源通常是有限的。各种指标的信息内容和收集该信息的成本之间经常存在权衡。简单地说，利益应该高于成本；
- 具体：可直接观察和测量，而不是反映抽象特性的指标是可取的，因为它们更容易解释，并为不同的利益相关者接受；
- 可解释：指标应反映利益相关者关注的方面，且它们的意思应让尽可能多的利益相关者理解；
- 基于科学理论：指标应基于广泛接受的科学理论，而不是缺乏验证的假设联系；
- 敏感：指标应对被监测事物的变化十分敏感；它们应能够检测被监测事物的趋势或影响；

- 响应性：指标应能够衡量管理措施的效果，以对其结果提供快速、可靠的反馈；
- 特定性：指标应反映其旨在衡量的方面，且能够将其他因素的影响从观测到的反应中区分出来（Ehler，Douvere，2009）。

任务 1：确定管理措施的治理指标

为什么治理指标在海洋空间规划监测和评估中显得尤为重要

由于大多数管理措施的实施需要时间（时间滞后），诱导和观察环境或经济的实际效果也需要时间，治理指标对证明短期（也就是0～3年）进展特别重要（至少在产生海洋空间规划输出过程中）。

这就是为什么我们以此开始。

治理指标衡量海洋空间规划过程阶段的绩效，如授权、资金、利益相关者参与、海洋空间管理计划和实施现状、遵守和执行情况以及管理措施的进展和质量，最为重要的是海洋空间管理本身的整体效益。

> **治理的定义**
>
> 治理是社会不同要素通过行使权力和权威从而影响和制定涉及公共生活和经济社会发展的政策和决策的过程。各国政府、私营部门和民间社会共同进行治理。然而，治理与管辖不同。

尽管实施和监测海洋空间规划进程做了无数努力，然而，在把管理措施与观察到的实地变化联系起来时，又会产生困难，反之亦然。解决这一问题变得越来越重要，因为决策者和公众都要求看到海洋空间规划投资的实效。可以轻松应用到不同社会政治背景的小型治理指标集合，其开发却成为分析家和决策者的重大挑战。

衡量海洋空间规划管理措施是否成功的重要治理指标包括：
- 适当的法律授权（例如海洋空间规划法律或命令的建立）；
- 适当的机构安排，如领导机构和海洋空间规划协调机构；

- 清楚海洋空间规划计划的地域界限；
- 计划的特定规划周期，如一个10年的计划；
- 完成计划的具体期限；
- 审查计划的特定时间框架，如每5年；
- 海洋管理区域内的监管权限和监管手段；
- 制定和实施计划的人力、技术和财政资源；
- 完整的海洋空间规划计划监测、评估和调整程序。

治理指标还衡量治理过程本身的进度和质量，也就是海洋空间规划计划解决引发其项目开展的首要问题的程度。治理指标侧重于海洋空间规划项目的输入、过程和输出的相关变量。

本指南中提出的治理管理措施和相关绩效指标可进行开发，用于评估以下4大领域管理目的和目标的实现进展。

（1）在制度上协调和统一以确保：①通过建立一个协调机制，正确定义行政管理者的功能；②存在支持海洋空间规划和追求一致目标的法律框架；③通过环境影响评估（EIA）和战略环境评估（SEA）程序，考虑可能涉及海洋区域的部门计划、项目和工程的影响；④冲突解决机制可用于预测、解决或减轻海洋区域和资源使用的冲突。

（2）通过以下方式取得管理的高质量和有效性：①正式采用综合管理计划；②积极实施这些计划；③对管理及其输出、成果和影响的常规监测和评估，以及考虑适应性管理的结果；④有持续的人力、财力和技术资源以确保有效管理。

（3）为了提高认知和支持，应确保以下几个方面：①科学研究产生结果，使其应用到管理并能够传播给更广泛的受众；②利益相关者参与到决策过程中；③非政府组织和社区组织活动；④将海洋空间规划相关主题引入教育和培训课程，促进海洋空间规划基础结构的形成。

（4）通过以下方式使海洋空间规划纳入可持续发展的主流：①开发和应用可以启动和支持海洋空间规划的技术；②使用经济手段通过私营部门改进海洋空间规划的目的和目标；③将海洋空间规划目的和目标纳入宏观的可

持续发展战略。

治理指标有哪些例子

治理指标用于衡量海洋空间规划的投入、过程和产出。

在评估管理周期其他要素时，必须牢记投入标准，尤其是在确定产出或成果是否已经有效实现（即以最低的成本）以及目前的管理水平是否可持续时。

虽然过程评估本身不是一个可靠的管理有效性指南，但是采用"尽可能好"的管理过程和系统是良好管理的关键。建立基准或良好的管理实践指南可以提供评估管理过程的基础。"良好实践"的标准将因国家和区域而异。

过程评估没有解决规划是否适当或充分的问题，而只是解决了它们是否正在实施的问题。对社会经济和环境效益的评估（接下来的两个部分进行阐述）可以更好地评价海洋规划系统和计划自身的充分性。

专栏2-1 治理指标例子

投入治理指标
- 有效海洋空间规划建立的授权
- 海洋空间规划主管部门的确认和领导选择
- 海洋空间规划所需资金的提供
- 所需具备适当技能的工作人员的提供

过程治理指标
- 海洋空间规划团队的建立
- 利益相关者的确定和参与
- 利益相关者认可参与过程
- 科学咨询委员会的成立

输出治理指标
- 工作计划完成

- 海洋空间规划目的的确定和目标的细化
- 海洋区域外部压力的识别与记录
- 自然科学和社会科学信息库的建立
- 具有重要生态或生物学意义的海洋区域（EBSAs）的识别、记录与绘制
- 未来人类活动预测的记录与绘制
- 备选方案的开发
- 最优愿景的选择
- 为实现最优愿景的备选管理措施的确认
- 管理计划的完成
- 管理计划的批准和实施
- 管理计划的执行
- 分区规划和规则的完成、批准与实施

实施挪威巴伦支海的综合管理计划

2006年6月，挪威议会批准了挪威巴伦支海的综合管理计划，该计划覆盖挪威专属经济区近海一海里的海岸地区。它是世界上少数能够将商业渔业与海洋运输、油气开发和自然保护的管理整合起来的海洋管理计划之一。通过现有的挪威立法（包括2009年生物多样性法案、2008年海洋资源法和1991年污染法），该计划已经实施。

该计划对先前分散式管理制度进行了整合，换言之，综合渔业、海洋运输和油气开发行业的管理，相互协调，携手共建健康生态系统。在实践中，主要的挑战在于如何在这些领域实现显著改进，而这些改进是通过实施以下几个方面实现的：①实施划区管理以解决人类活动和保护环境之间的冲突；②继续建立管理措施以规范各项活动；③实施环境质量目标；④更加注重国际合作，特别是在巴伦支海与俄罗斯的合作——各方面都在治理中推进。

该计划的目的是为源自海洋区域的自然资源与商品的可持续使用提供框架，同时保持海洋区域生态系统的结构、功能和生产率。该计划旨在维持生态系统的可持续使用：保持污染水平在可接受范围内，降低意外泄露的风险，具有足够的能力和充足的准备来处理事故，确保海鲜食品的消费安全，同时保护生物多样性。预计渔业将不会进一步增长，但油气开采和航运在不久之后将有望增长。

该计划确定了生态价值区域，并要求严格监管以下地区的活动：①高产量和高度集中品种的地区；②濒危或脆弱栖息地众多的地区；③挪威特别负责物种或濒危脆弱物种的重点保护地区；④常年或在一年特定时间给养重点国际或国家物种种群的地区。为了减少渔业和航运之间的冲突，挪威已经将航道转移到挪威领海（12海里界限）之外。为了避免将来发生冲突，一些地区已经禁止油气勘探和开采（罗弗敦群岛、熊岛、极锋和冰区边界）。几项新型特定产业划区管理措施已经合并为一，包括海洋保护区扩展计划和以保护产卵聚集、鱼卵和仔鱼、稚鱼和贝类而采用的季节性禁渔区计划。

现已制定类似的综合管理计划用于挪威海（2009年批准）和挪威北海（2013年批准）。

根据新的海洋资源法案，基于对脆弱栖息地和脆弱物种，特别是近海环境的冷水海绵动物和珊瑚的新了解，巴伦支海计划在2010—2011年度进行了修订，并于2011年获得议会批准。

任务2：确定管理措施的社会经济指标

社会经济层面

驱动人类利用海洋环境的因素通常是经济，所以它的重要性再怎么强调也不过分。在沿海和海洋地区，维持生活、生计和创造财富之间有直接的经济效益以及成本关系。沿海和海洋地区与其他地区相比具有经济重要性，海洋空间规划过程应提供信息以推动其知情理性决策（Belfiore et al.，2006）。

在过去，由于缺少海洋生态系统提供的商品和服务的经济价值信息，此计划并没有实施。海洋空间规划应为活动之间经济价值的比较提供经济基础。例如，在许多情况下，历史和传统用途优先于创新或非传统用途。通常这种偏向没有充分考虑活动之间相对的经济贡献。海洋空间规划可以为这些比较提供依据，从而促进形成"最佳用途"决策；其也可以提供有价值的经济多样化信息。经济多样性降低了经济衰退（与随之而来的社会后果）的风险，同时对减少环境影响也非常重要。

海洋空间规划还应提供与特定活动相关的经济成本信息。虽然其中一些成本是间接和难以量化的（如选择其中一种用途而非另一种的机会成本；管理和行政费用），但其他都是很容易量化的。

这些成本可能会显著影响活动的净经济价值。例如，可持续商业渔业的研究和管理成本较为显著（达到或超过该活动经济值的50%），而对于相同物种来说，休闲渔业的研究和管理成本可能显著较低。这种相互作用应在海洋空间规划目的和目标上显现出来。

社会经济成果指标例子

许多海洋空间规划目的和目标涉及社会经济方面，比如生计、粮食安全、人类健康、财政等效益。社会经济指标为描绘海洋生态系统的人类组成部分提供了有效途径，也为发展海洋空间规划管理措施提供了有用工具。社会经济指标用于报告和衡量海洋区域的人类活动和条件，并评估海洋空间规划管理干预的社会经济影响。社会经济指标允许海洋空间规划管理人员：①结合和监测利益相关者在管理过程中的关切和利益；②评估管理决策对利益相关者的影响；③证明海域及其资源的社会经济价值；④评估使用沿海和海域及其资源的成本和效益。

专栏2-2　社会经济指标例子

粮食安全指标
- 沿海居民营养需求得到满足或改善
- 当地捕获海鲜为公众消费提供的便利性得到改善

生计指标
- 沿海居民和/或资源使用者的经济状况和相对财富得到改善
- 通过降低海洋资源依赖性，家庭职业和收入结构稳定或多样化
- 当地市场和资本准入得到改善
- 沿海居民和/或资源使用者的健康得到改善

社会非货币化收益指标
- 审美价值得到提升或维持
- 存在价值得到提升或维持
- 荒野价值得到提升或维持
- 娱乐机会得到提升或维持
- 文化价值得到提升或维持
- 生态服务价值得到提升或维持

利益公平分配指标
- 货币性收益通过分配直达沿海社区
- 非货币性收益通过公平分配直达沿海社区
- 社会结构内部和各社会群体之间的公正得到提升

海洋空间规划与本土文化之间的兼容性指标
- 避免与减少对传统习俗、传统关系或社会系统负面影响
- 与海洋资源相关的文化特色和历史遗迹受到保护

环保意识指标
- 对本土知识的尊重和/或理解的增强
- 公众对于环境与社会"可持续性"认识的提高
- 公众科学知识水平的提高
- 通过研究和监测扩展科学认识

改自Parks，Pomeroy，Watson，2004

衡量社会经济指标

衡量社会经济指标的几个观察值包括：

信息的可获取性：社会经济指标（尤其是经济方面）与许多生态指标所需的自然科学数据或可能需要收集治理指标信息的新调查不同，其发展的独特之处是基本信息通常已经能从二手资料获得，而且这些资料通常由政府机构收集。因此，所面临的挑战不在于信息的可获取性，而在于能不能获取现有信息并以对海洋空间规划过程最有效的方式收集数据。然而，对于社会指标，不太可能会有现成的信息，通常可能需要进行新的数据收集工作。

利益相关者的数据：因为在许多情况下海洋空间规划管理者将依赖于利益相关者和海洋环境使用者的数据，所以在一开始确保他们积极参与该过程将有利于后续的数据收集工作。此外，利益相关者的参与将有助于确保集中力量，开发与使用最能惠及民众的指标。

显示和分布：尽管许多指标的建立依赖于数字数据，但信息应转化成图形和视觉显示效果，从而尽可能便于分析和理解所呈现的信息。特别是，基于互联网的绘制技术可以非常有效（且可节约成本）地用于许多与人口分布和动力学相关的社会经济方面。

任务 3：确定管理措施的生态和生物指标

沿海和海洋生态系统提供了重要的商品（如渔获量）和服务（如养分循环），让人类受益匪浅。除了本身的价值，健康和功能优化的生态系统长远来看极有可能使社会与经济效益最大化。

由于海洋空间规划的总体目的是使得源自沿海和海洋生态系统的经济、社会和文化效益最大化，同时保护它们的健康和生产力赖以维持的生物物理特性。因此，海洋领域的人类活动管理还必须考虑到生态系统健康的核心。海洋学、生物学、生物物理、地质、地理和生态指标的结合能够帮助指导海洋空间规划管理人员和政策制定者处理生态系统规模的环境问题（Belfiore et al.，2006）。

生态系统健康指标

"海洋生态系统健康"概念是基于在任何海域都应受到保护的生态系统的结构和功能属性来确定的。确定与生态系统属性相关的主要变量以维护生态系统健康是必要的。这涉及整体目的的开发与生态系统属性或成分的理想状态相联系。目的应与生态系统条件的空间规模一致，并且可以表示为高级叙述语句。例如，保持生物多样性的目的可以是：

"保护生态系统结构——所有级别的生物组织——以维护海洋生态系统的生物多样性和自然恢复能力。"

维持生产力的总体目的可以表述为：

"保护海洋生态系统各个组成部分的功能，以维持其在食物网的角色和其对整体生产率的贡献。"

维持环境质量的目的可以是：

"保护海洋生态系统的地质、物理和化学特性以维持总体环境质量，即水、沉淀物、生物和栖息地质量。"

为了确保这个目的得以实现，需要两类不同但互补的目标：①第1类目标是保护天然化学（如海水盐度和营养物）、物理（如温度、潮流、栖息地结构特征）和地质特性（如底质、沉积物粒度、海洋景观完整性）；②第2类目标集中于物理或化学元素，如使环境的整体质量恶化并最终影响海洋生物的污染物。天然成分在其天然存在水平超出界限范围时也可能成为污染物（如营养物），天然成分也可能因人类影响而耗尽（例如，底质、沉积物粒度、海洋景观完整性），而成为一个限制因素（如溶解氧）。

生态和生物指标的测量

当测量和解释用于管理目的的环境指标时，要记住一些一般性的指导和注意事项，包括：

1. 生物组织

生物多样性的改变反映了生态系统组织或结构的改变。然而，主要的管理挑战是区分海洋生物多样性（或生产力）的自然变化和人类活动压力所造成的变化。在某些情况下（如沿海和海洋区域富营养化），相对容易的是通过使用如营养物浓度（例如，硝酸盐、磷酸盐）、溶氧水平（或生物需氧量）、赤潮频率（包括有害的微藻和生物毒素）之类的指标，将所观察到的生物多样性和/或生产力变化与人类活动相关联。然而，在其他很多情况下，由于多影响源、生成效果的多样以及累积影响等多重原因，前文所提的相互关联可能不易出现，特别是当生物多样性出现变化，整体的生产力或栖息地质量成为了主要考虑对象时。

2. 生态系统健康

初级生产力对评估海洋生态系统健康非常重要，它的测量通常是海洋环境监测项目的一个组成部分。初级生产力的测量包括生产率和浮游植物的质量（如微藻群落的物种组成）。叶绿素a是测量微藻生物量的理想指标。

叶绿素a的水平和营养素的有效性、浮游植物增殖（由叶绿素a的最大峰值衡量）和氧耗（由溶解氧浓度或百分比饱和度测量）的发生率之间通常存在良好的相关性。这种直接的关系可用于监测和处理富营养化问题。

在沿海和海洋地区，海草床的生物量和生产力（有时仅评估其区域覆盖面积）也是评估生态系统健康的重要衡量尺度。大型藻类和植物不仅为各种鱼类、贝类和无脊椎动物物种提供了足够的栖息地，也为沿海水域的自然净化过程以及海岸线的稳定做出了显著贡献。

更高营养级的整体生产力通常从渔业的角度（如渔获量）来描述。渔业研究、生态模型或商业性鱼类上市量数据中已开发出了特定指标（联合国环境规划署，2011）。

3. 海洋属性的可变性

生物群落的海洋学和非生物机制转变和后续变化，包括适应环境变化，可以作为生态系统内部由于压力发生转换的良好指标。另一方面，这些变化可能反映的是自然状态下的长期变化，而不是人类活动影响的结果。长期暴露于扰动而发生突变的可能性也使得这一问题更加复杂化。因此，监测这些特性时，必须考虑到海洋生态系统的海洋学、物理和化学特性的自然时空变异性。

因全球变暖和气候变化，沿海和海洋生态系统预计将发生大规模变化，这有可能导致生态系统特性的不可逆变化。许多指标可以用来跟踪地方气候变化的影响，如海平面上升、极端气候事件（风暴、飓风、洪水）频率和程度增加，高纬度地区冰层覆盖减少。预测沿海和海洋生态系统对气候变化的响应幅度和持续时间是非常困难的，甚至是不可能的。然而，我们可以假设在一定条件下，健康的生态系统能够更好地适应这样的变化。但为了应对全球变化，它会在何时不可逆地转向替代状态还未可知。

同理，当信息完全集成，增值产品（如专题地图和模型）能提供给科学界（包括尚不具备强大科学基础的国家）时，遥感技术、新的监测技术以及收集和共享数据的全球系统（例如，全球海洋观测系统）由于不断完善（即在区域范围内），将成为有用的海洋空间规划工具（Belfiore et al.，2006）。

4. 污染物介绍

对分散和溶解于水体和/或积累于表层沉积物的主要污染物群（如持久性有机污染物、碳氢化合物、重金属）的监测有效证明了沿海和海洋环境人类活动的污染压力。此外，重点群组和食物链顶部指标物种（如掠食性鱼类、海鸟和蛋、海洋哺乳动物、人类）的有毒化学物质的生物累积监测也很好地揭示了这些化学物质对海洋生物和人类的累积影响以及接触程度。

5. 栖息地丧失和退化

栖息地丧失通常由直接测量减少面积或估算各类栖息地区域大约减少的百分比评定，前提是要有先前的记录作为基线才能进行比较。受保护和/或未受干扰的栖息地的相对覆盖率也常作为报告内容，相对容易测量，可以用于评估管理措施的有效性。

另一方面，对栖息地的退化进行评估要更复杂得多，因为在评估过程中可能会观察到从稍微改变到几乎完全丧失等不同程度的退化。可能已用于监测和评估其他生态系统组成、属性或用于解决其他问题（例如：底栖生物群落的生物多样性、关键底栖物种的生产率、水体的物理或化学特性、沉积物的地质特性、污染物在水、沉积物或生物中的存在）的一系列指标能更好地反映栖息地质量的好坏。

沿海人口数量通常反映人类对沿海和海洋生态系统的压力。虽然它不能直接反映影响，但却是联系海洋空间规划的生态和社会经济方面的合适指标（Belfiore et al.，2006）。

专栏2-3　生态和生物指标例子

种群水平指标
- 恢复到或保持在预期基准点的开采或非开采目标物种种群数量
- 生物多样性和生态系统功能结构损失的避免
- 使用于开采或非开采用途的目标物种种群免于在其易受伤害的地点和/或生活史阶段被捕的数量
- 最小化、防止或完全禁止海洋生物资源和/或海洋非生物资源的过度开发
- 在海洋区域内提高或维持的捕鱼产量

生物多样性指标
- 居住生态系统、群落、生物栖息地、物种和基因库的充分体现与保护
- 生态系统功能的维持
- 罕见，小范围或特有物种的保护
- 关乎物种生活史阶段的地区保护
- 海洋区域内部和外部非自然威胁和人类影响的消除与最小化
- 不可控干扰蔓延整个海洋区域的风险
- 外来或侵略性物种和基因的消除及抵御

物种指标
- 重点物种丰度的增加或维持
- 重点物种生存所需栖息地和生态系统功能的恢复或维持
- 海洋区域内部和外部非自然威胁和人类影响的消除与最小化
- 外来或侵略性物种和基因型的消除与阻止吸纳

栖息地保护指标
- 栖息地质量和/或数量的恢复或维持
- 关乎栖息地存在的生态过程的保护
- 海洋区域内部和外部非自然威胁和人类影响的消除与最小化
- 外来或侵略性物种和基因型的消除与阻止吸纳

栖息地恢复指标
- 本地物种种群数量恢复至所需参考点
- 生态系统功能的恢复
- 海洋区域内部和外部非自然威胁和人类影响的消除或最小化
- 外来或侵略性物种和基因的消除及抵御

改自Parks，Pomeroy，Watson，2004

任务4：确定过渡目标

许多海洋空间管理计划的成果将需要数年甚至几十年才能实现。过渡目标有着重要的作用，它能够确保管理措施取得阶段性成果，并使其实现最终成果。

> **过渡目标的定义**
> 过渡目标是为了取得成果并最终到达长期管理目标的一个过渡点。它有赖于已知的资源和特定时间内资源条件的合理预测。

例如，如果一个目标是到2025年实现25%的能源供应来自海上可再生能源，那么过渡目标可以是到2015年实现10%，到2020年实现20%。

过渡目标的设定是评估规划的重要组成部分。为了确定进度，不仅有必要测量指标，还要预先确定该指标的过渡目标。规划团队可能会对设定过渡目标有所犹豫，怕自己可能无法完成目标，或有时很难预测过渡目标。然而，过渡目标的设定有助于保持海洋空间规划预期效果的可实现性，有助于规划资源、跟踪和报告这些过渡目标的进展情况，有助于了解决策和坚持问责制。

了解指标是否超出过渡目标或表现不如预期将有助于确定管理措施是否按计划进行，或是否需要调整实施方法或时间框架。一般情况下，一个好的经验法则是若有与过渡目标超过10%差异的情况发生，应在定期报告中说明。

过渡目标可以改变吗？当然可以。评估期间收集的数据常需要对过渡目标重新审视，并作相应的调整。

案例3　使用海洋空间规划建立国家海洋保护区系统

使用海洋空间规划在澳大利亚建立国家海洋保护区系统

　　2002年，世界排名第三的整个澳大利亚专属经济区（EEZ）被分为5个规划区域。经过10年的规划，在2012年11月完成并批准其专属经济区的5个海洋生物区规划。澳大利亚生物区规划项目的主要成果是确立了世界上最大的国家海洋保护区系统，增加了约230万平方千米的海洋保护区，使得海洋保护管理的总面积达到310万平方千米，约为澳大利亚整个专属经济区面积的1/3。一些批评家声称，海洋保护区系统的最终设计避免了与渔业和油气开发发生经常性冲突。早在2002年联合国可持续发展大会上，就有一些国家承诺到2012年（过渡目标）建立国家海洋保护区系统，而澳大利亚是少数几个履行承诺的国家之一。

　　2013年9月，新当选的环境部长宣布暂停保护区规划，并审查"在不公平或非充分协商条件下强制实行的、有缺陷的海洋保护区管理计划。"

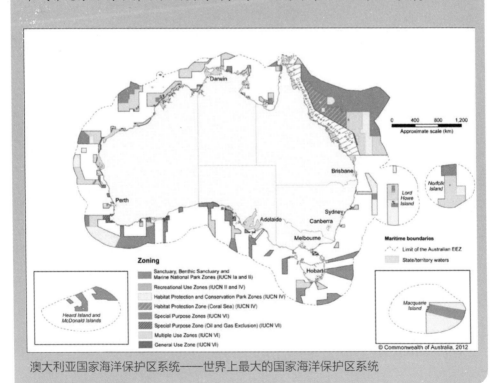

澳大利亚国家海洋保护区系统——世界上最大的国家海洋保护区系统

来源和辅助读物

Agardy T, P. Brigewater, M.P. Crosby, J. Day, et al. 2003. Dangerous targets? Unresolved issues and ideological clashes around marine protected areas. Aquatic Conservation. Vol,13, No. 4. pp. 353–367.

Belfiore, S., J. Barbiere, R. Bowen, B. Cicin-Sain, C. Ehler, C. Mageau, D. McDougall, & R. Siron. 2006. A Handbook for Measuring the Progress and Outcomes of Integrated Coastal and Ocean Management. Intergovernmental Oceanographic Commission, IOC Manuals and Guides No. 46,ICAM Dossier No. 2. UNESCO: Paris.

Bowen, R.E., and C. Riley. 2003. Socio-economic indicators and integrated coastal management. Ocean and Coastal Management Journal. Vol. 46, pp. 299–312.

Bunce, Leah, P. Townsley, R. Pomeroy, and R. Pollnac. 2000. Socioeconomic Manual for Coral Reef Management. Australian Institute of Marine Science: Townsville, Queensland, Australia.

Carneiro, C. 2013. Evaluation of marine spatial planning. Marine Policy. No.37. pp. 214–229.

Douvere, F., and C. Ehler. 2010. The importance of monitoring and evaluation in maritime spatial planning. Journal of Coastal Conservation. Vol. 15, no. 2. pp. 305–311.

Ehler, C. 2003. Indicators to measure governance performance of integrated coastal management. Ocean and Coastal Management Journal.Vol. 46, No. 3-4. pp. 335–345.

Ernoul, I. 2010. Combining process and output indicators to evaluate participation and sustainability in integrated coastal zone management projects. Ocean and Coastal Management Journal. Vol 53. pp. 711–718.

Hockings, M., S. Stolton, F. Leverington, N. Dudley, and J. Courrau. 2006. Evaluating effectiveness: A framework for assessing management effectiveness of protected areas. 2nd edition. IUCN: Gland, Switzerland and Cambridge, UK. 105 p.

OECD. 1993. Toward Sustainable Development Indicators: environmental indicators. Organization for Economic Cooperation and Development: Paris.

Olsen, S. 2003. Frameworks and indicators for assessing progress in integrated coastal management initiatives. Ocean and Coastal Management,Vol 46, No. 3-4, pp. 347–361.

Parrish, J.D., D.P. Braun, and R.S. Unnasch. 2003. Are we conserving what we say

we are? Measuring ecological integrity within protected areas. Bioscience. September 2003. Vol. 53, no. 9. pp. 851–860.

Pomeroy, R., J. Parks, & L. Watson. 2004. How Is Your MPA Doing? A guidebookof natural and social indicators for evaluating marine protected area management effectiveness. National Oceanic and Atmospheric Administration and the World Commission on Protected Areas. IUCN: Gland Switzerland.

Rice, J.C. 2003. Environmental health indicators. Ocean and Coastal Management. Vol. 46, no. 3-4, pp. 235–259.

Rochet, M.-J., and J.C. Rice. 2005. Do explicit criteria help in selecting indicators for ecosystem-based fisheries management? ICES Journal of Marine Science, Vol. 62, pp. 528–539.

Segnestam, L. 2002. Indicators of Environment and Sustainable Development: theories and practice. World Bank: Washington. p66.

Urban Harbors Institute, University of Massachusetts-Boston Environmental,Earth, and Ocean Sciences Department and the Massachusetts Ocean Partnership, 2010. Developing Performance Indicators to Evaluate the Management Effectiveness of the Massachusetts Ocean Management Plan. p35.

United Nations, Department of Social and Economic Affairs. 2007. Public Governance Indicators: a literature review. United Nations: New York. p61.

United Nations Environment Programme. 2011. Transboundary Water Assessment Project Methodology, vol. 5: Methodology for the Assessment of Large Marine Ecosystems. United Nations, Nairobi, Kenya.

World Bank. 2002. Environmental Performance Indicators.

创建选定指标的基准

这一步骤的成果是什么?

☞ 在实施空间管理计划新管理措施前,根据选定指标(第4步)对系统情况进行的描述,是衡量进度和成功的起点。

海洋空间规划的一个主要数据收集任务应着重收集和整理有关海洋区域在规定基准年(应尽可能接近本年度)的状态信息。在指标的实际监测开始之前,上一步骤中选择的每个指标的信息基线是必需的。

海洋空间规划的一个关键问题是:我们现在处于什么阶段?定义和描述我们的现状是实施海洋空间规划前分析和评估单独的管理措施以及实施后监测和评估绩效的关键。

> **基线的定义**
>
> 基线是海洋空间管理计划开始之前的情况,它是各项绩效指标评估和绩效监测的起点。

绩效基线是定性或定量的信息,在监测开始时或之前提供数据。基线是衡量绩效的起点。基线建立当前状态,未来变化可针对其进行跟踪。例如,在预测海洋空间规划计划的过渡目标之前,它有助于规划者和决策者了解当前的状况。这样,基线用于了解绩效当前或最近的水平和模式。重要的是,决策者可以利用基线作证据衡量随后的海洋空间规划绩效(Kusek,Rist,2005)。

任务1:建立选定指标的基线信息

应为衡量各管理措施绩效的指标建立基线信息。建立基线信息时,应注

意的关键问题包括：

（1）数据源将会是什么？它们会是定性或定量的数据吗？

（2）数据收集方法将会是什么？

（3）谁将收集数据？

（4）收集数据的成本和难度是什么？

（5）谁将对数据进行分析？

（6）谁将报告数据？

（7）谁将使用这些数据？

这些问题的答案（见表2-6）以及收集和访问这些数据的能力将因国家而异。选定的绩效指标以及用于追踪这些指标的数据采集策略需要基于现实情况，包括哪些数据可用、哪些数据目前可以传输以及应当具备何种能力去随时间推移扩大数据收集和分析的广度和深度。

表2-6　构建基线信息

指标	数据源	数据收集方法	数据收集者	收集频率	收集成本和困难	数据分析者	数据报告者	数据使用者
1								
2								
3								
4								
5								
...								
n								

指标的数据源是什么

确定数据源时，需要考虑许多问题。可以以实用的方式访问数据源吗？数据源可以提供高质量数据吗？可以对数据源进行定期和及时访问吗？来自信息源的原始数据收集是否可行、划算？

　　指标的数据源可以是"原始"的或二手的。原始数据直接通过相关组织
收集，可包括行政、预算或人员的数据；还可通过调查、访谈和直接观察收
集。二手数据是由其他外部组织收集而得的，且收集目的不同于相关组织。

　　使用二手数据建立指标的绩效趋势有利有弊。从积极一面来看，二手数
据可能更经济。在原始数据难以频繁收集的情况下，或需要大规模和高费用
调查时会使用二手数据。

　　然而，由于各种原因，必须谨慎使用二手数据。二手数据本身就是与其
他组织的目标或议程相整合的。使用二手数据也可能出现其他问题：

- 数据是否有效？
- 数据是否可靠？
- 多久验证一次数据收集工具？

　　此外，使用二手数据意味着使用别人的数据来报告朝向自己预设成果的
进展和成绩。考虑到此中利弊，您作为管理者是否满意这样的安排？

　　实际数据源的例子可能包括来自政府和非政府组织的行政记录（书面或
电子版）；针对目标群体、项目官员以及服务供应商的采访和调查报告；训
练有素的观察员的报告；以及现场测量和测试。

　　管理者寻找他们赖以信任和能实时使用的信息。等待几个月甚至一年或
更长时间来完成研究是徒劳无功的。基于结果评估系统的新方法正逐步开始
建立，以或多或少连续地提供信息流。

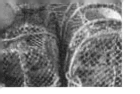

不同的数据收集方法如何进行比较

如果数据源是已知的，数据收集的策略和工具会是什么？我们需要决定如何从各个源获得必要的数据，如何准备数据收集工具以更好地记录信息，使用什么程序（例如调查与访谈），访问数据源的频率，等等。政府可能还与外界签约，利用大学和研究中心现有能力进行数据收集工作。还可以向私营供应商购买数据。

然而，任何涉及长期向非政府供应商购买数据的策略都具有一定的缺陷，也很可能更昂贵。专栏2-4展示了一些可能用于数据收集的方法。至于哪一个方法是最好的，我们无从知晓。这将取决于给定组织的资源可用性、访问权限、需求、时间限制，等等。也将取决于海域使用者的信息需求。例如，可能有一些问题涉及指定海域使用者权衡成本和时间后实际需要多少精度。建设信息系统以支持跟踪各项绩效指标可能更加契合数据收集策略组合。例如，一个组织可以选择只设几个指标，然后不断借鉴不同地方的数据收集策略。选择数据收集策略没有绝对正确途径可言。一些偶发事件有助于形成可能的和可负担的策略。花一些时间理解选择某一收集策略的影响是很有价值的。心血来潮和毫无准备地进行调查、小组集中座谈或者开展利益相关者调查，都可能会带来严重问题。

作出关于部署数据收集策略的任何决定前，与海域使用者和利益相关者进行协商很重要。试着确定他们对交易以及对即将接收的绩效信息种类的满意程度。数据收集策略必然涉及一些关于成本、精度、可靠性和及时性的权衡。例如，更结构化和正式化的收集数据的方法通常更精确、昂贵和费时。如果经常需要用到数据并需要例行通知决策管理，最好采用低精度、非结构化和高经济性的数据收集策略。

温馨提示！ 指标的"正确"数量

由于每个指标都包含一个自身衡量的明确数据收集策略，我们应考虑数据收集和管理的关键问题。指标太多可能难以进行跟踪，并且可能会耗尽可用资源。相较于囊括过多指标，精简指标更可取。

来源和辅助读物

Belfiore, S., J. Barbiere, R. Bowen, B. Cicin-Sain, C. Ehler, C. Mageau, D. McDougall, & R. Siron. 2006. A Handbook for Measuring the Progress and Outcomes of Integrated Coastal and Ocean Management. Intergovernmental Oceanographic Commission, IOC Manuals and Guides No. 46, ICAM Dossier No. 2. UNESCO: Paris.

Bowen, R.E., and C. Riley. 2003. Socio-economic indicators and integrated coastal management. Ocean and Coastal Management Journal. Vol. 46, pp. 299–312.

Ehler, C., 2003. Indicators to measure governance performance of integrated coastal management. Ocean and Coastal Management Journal. Vol. 46, No. 3-4. pp. 335–345.

International Fund for Agricultural Development (IFAD), 2002. A Guide for Project evaluation. Rome: IFAD.

Kusek, J.Z., and R.C. Rist. 2004. Ten Steps to a Results-based Monitoring and Evaluation System. The World Bank: Washington, DC. p247.

Pomeroy, R., J. Parks, & L. Watson. 2004. How Is Your MPA Doing? A guidebook of natural and social indicators for evaluating marine protected area management effectiveness. National Oceanic and Atmospheric Administration and the World Commission on Protected Areas. IUCN: Gland Switzerland.

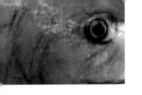

第6步

管理绩效的监测指标

这一步骤的成果是什么

☞ 数据收集计划。

☞ 每个管理措施至少一个监测指标。

一旦选定管理措施、指标和目标，就要准备开始监测结果。如何建立一个包含决策过程所需数据的监测系统？

温馨提示!

绩效评估系统侧重于实现成果和管理指标。基于用海活动的管理系统则主要与确定的用海活动相悖，由于没有将这些活动与规划成果对接，因此很难理解实施这些活动如何会提高绩效。注意不要将忙碌和有效混为一谈。

任务 1：制订数据收集计划

由于绩效监测的目的是应用指标、目标和时间表来衡量海洋空间规划的实际成效（成果），标准的问题可应用于回答有关投入、过程和产出的问题。一个标准的问题将"是什么？"和"应该是什么？"进行对比，即将现状或基线与特定的过渡目的或目标进行对比。例如：

- 你正在做你计划做的事情吗？
- 你正在实现你的目标和过渡目标吗？
- 你完成了你计划做到的事情了吗？

你也想询问因果问题或确定管理措施实际上取得了什么效果？管理措施

改变了什么？因果问题用于明确海洋空间管理规划是否已经实现预想成果？因果问题指一个或多个管理措施或指标的绩效比较，不仅包括实施前后的比较，还包括有无管理措施的情况。需要在因果关系方面提出这样的问题，因为许多活动是同时发生的，所以很难证明其结果是由管理措施单独作用的还是主要由管理措施引发的。制订一个回答因果问题的计划时，针对测量出的任何变化，都需注意剔除其他可能的影响因素。空间管理措施是否产生了预想成果？或者此成果是由于经济条件或天气的变化而产生的？

表2-7 评估问题的选择和排列矩阵

评估问题								
评估问题的提问	1	2	3	4	5	6	⋯	n
是否引起核心受众的兴趣？								
是否减少了目前的不确定性？								
产生了重要信息吗？								
对评估的范围和全面性重要吗？								
能持续引发兴趣吗？								
就可用的财力和人力资源、时间、方法和技术而言是否可以负责？								
对海洋空间规划的结果有影响吗？								

来源：Fitzpatrick，Sanders，Worthen，2004。

评估问题应与具体的管理措施相关。例如，如果目的是保持生物多样性，可以实施一些管理措施。每个目的都转换为旨在实现特定目标的管理措施。最后，如果目的、目标和管理措施是正确的，那么应该可以实现总体成果；如果不正确，可能需要改变管理目的、目标和管理措施（参阅"使用绩效监测和评估结果以修改下一个周期的海洋空间规划"部分）。

绩效监测系统的需求

每个监测系统需要4个基本要素：所有权、管理、维护和可信度。

所有权：所有权必须来自使用系统的各类人群和各个层面需要确认的绩

效信息的需求。利益相关者的数据所有权是非常关键的。如果收集到的数据没有利用价值，质量控制和所有权将出现问题。如果没有所有权，利益相关者也不会愿意在监测上投入时间和资源。该系统最终将退化，数据的质量也会下降。

强有力的政治拥护者可以帮助确保监测系统的所有权。需要拥护者来强调良好的绩效数据必须生成、共享，并正确地描述出来。

管理：系统由谁管理，在哪里管理，如何管理是其可持续发展的关键。数据收集也可能因为一些原因而受阻：如不同机构数据的重复；在机构和其他来源的数据复制；接收数据的时间滞后，即数据接收过迟，无法影响决策过程；以及人们不知道哪些数据是可用的。

维护：监测系统的维护是必要的，能防止系统衰退和崩溃。知道谁将在什么时候收集什么信息，并确保信息在系统内水平和垂直流动十分重要。绩效监测系统和其他信息系统一样必须进行持续管理。

监测和评估系统的管理和维护要求建立正确的激励机制，并为组织、管理者和进行监测任务的工作人员提供充足的资金、人力和技术资源。同时，需界定个人和组织责任，并建立清晰的"瞄准线"，这意味着员工和组织应理解他们与共同目的和目标的联系。此外，措施和结果之间需要建立明确的关系，个人和组织需要了解他们的特定任务如何对大局产生影响。

监测系统的良好维护也应考虑到管理和技术方面的新进展。系统、程序或技术可能需要升级更新。还应对员工和管理人员进行定期培训，以确保他们掌握先进的技能。系统若管理不善就会退化。监测系统和其他系统一样，需要通过良好的管理不断升级、更新和强化。

可信度：可信度也是任何一个监测系统必不可少的。有效和可靠的数据有助于确保系统的可信度。要保持可信度，监测系统就需要能够报告所有有利或不利的数据。如果对不符合预期成果和对目标的不利消息或信息蓄意不报，则该系统不可信。在一些情况下，政治压力可能会将坏消息减少或直接不报告某些数据。如果由于政治约束，不能报告负面消息或数据，或信息报告人受到惩罚，那监测系统将受到损害。总之，如果人们认为信息受到政治动机的影响，将不再信任和使用信息（见第8步，交流绩效评估结果）。

数据可靠性、有效性和时效性

所有指标（实施和结果）的数据收集系统应具备3个关键标准：可靠性、有效性和时效性。如果任何一个标准没有满足，系统的可信度将减弱。

可靠性是数据收集系统的稳定程度以及时间和空间的一致程度。换句话说，就是每次都用相同方法对指标进行衡量。

有效性是非常重要的：指标应尽可能直接和简洁地衡量实际和预期的绩效水平。

时效性由3个元素组成：频率（数据多久收集一次）；及时性（数据已收集了多久）；可访问性（数据可用来支持管理决策）。如果决策者需要数据的时候数据不可用，则信息将成为历史数据。管理需要良好和及时的信息。近期，决策者在其工作环境中，用于领导和管理的连续数据是必不可少的。在管理部门，使用3～5年前的历史数据进行管理是毫无意义的。

任务2：收集每个指标的相关数据

数据的来源

数据可通过很多来源进行收集，包括现有的记录、观察、调查、专题小组和专家判断。没有哪一种方式是最好的。决定使用哪一种方式取决于：

- 需要知道什么？
- 数据在哪里驻留？
- 可用的资源和时间？
- 要收集的数据的复杂性？
- 收集数据的频率是多少？
- 数据分析的预期形式。

专栏2-4　关键的数据收集方法和工具

下文总结了监测和评估所使用的关键的数据收集方法和工具。这个列表并不完整，因为在监测和评估领域，工具和技术会不断更新和发展。

实例研究。个人、社区、组织、事件、项目、时间周期的详细描述或报道（下面讨论）。这些研究在评估复杂情况和探索定性影响时特别有用。实例研究只帮助说明调查结果和共性对比；只有与其他实例研究或方法结合，才能得出结论。

核对表。用于验证或检查是否已经遵循程序/步骤，或是否存在检查行为的项目列表。核对表有助于对设定基准标准和建立定期改进的措施进行系统回顾。

社区采访/会议。面向所有社区成员的一种公开会议。参加者和采访者进行互动，由采访者主持会议，并根据准备的访问大纲进行提问。

直接观察。观察者在指定地方运用详细的观察表格对所见所闻的记录。观察可以是对物理环境、活动或过程。观察是一个很好的收集行为模式和物理条件数据的方式。人们经常利用观察指南可靠地寻找一致的准则、行为或模式。

文件审查。审查文件（二手数据）可以为空间规划提供及时的、有成本效益的基准信息和历史研究视角。它包括书面文件（如项目记录和报告、管理数据库、培训材料、通信、法规和政策文件）以及视频、电子数据或照片。

专题小组讨论。小组（通常是8~12人）成员进行集中讨论以记录对于审核问题的态度、认知和观点。主持人介绍主题，运用准备的访问大纲引导讨论，并摘录谈话、意见和反映。

访谈。开放式（半结构化）的访谈是一种可以让采访者深入探讨和追问兴趣话题（而不是只用"是/否"回答的问题）的提问技术。封闭式（结构化）的访谈系统地遵循精心组织的问题（事先在采访者的访问大纲上准备），它只允许有限范围的回答，如"是/否"或通过评级/数字评分表示。回复也可以很容易地用数字编码，以进行统计分析。

关键知情人访谈。对掌握特殊信息的人进行的关于特定主题的访谈。这些访谈一般以开放式或半结构化的方式进行。

实验室测试。特定目标的精密测量，如：水质量指标。

- 尽可能使用多个数据收集方法；
- 尽可能使用现有的数据（这样做比生成新的数据要更快、更便宜、更容易）；
- 如果使用现有的数据，需明白当时的评估者是如何收集数据、定义变量以及确保数据准确性的。检查数据的缺失程度；
- 如果必须收集原始数据，则应建立程序并遵循协议；维护定义和编码的准确记录；预测试，预测试，预测试；验证输入的编码和数据的准确性。

专栏2-6　最大限度地降低数据收集的成本

数据收集一般是评估中最昂贵的部分之一。减少数据收集成本的最佳途径之一是减少所收集数据的数量（Bamberger et al.，2006）。以下问题可以帮助简化数据收集过程和降低成本：

- 信息是否必要和充分？只收集项目管理和评估的必要信息。降低确定目标和指标的信息需求。
- 有没有可靠的二手数据源？二手数据可以节省大量的时间和成本——只要它是可靠的。
- 样本量是否足够，但不过量？确定样本量对估计或检测变化很必要。
- 数据收集工具是否可以简化？删去问卷调查和检查清单中不必要的问题，除了节省时间和成本，还有利于降低受访者的疲劳度。
- 有没有另外节省成本的方法呢？若对统计精确性没有硬性要求，有时针对性的定性方法能够减少调查所需的数据收集、管理和统计分析的成本。
- 自填问卷也可以降低成本。

来源和辅助读物

Bamberger, M., J. Rugh, and L. Mabry. 2006. Real-world Evaluation: Working under budget, time, data, and political constraints: an overview. American Evaluation Association. Los Angeles, CA: Sage Publications. p75.

Morra Imas, L.G., and R.C. Rist. 2009. The Road to Results: designing and conducting effective development evaluations. The World Bank: Washington, DC. p611.

"真正的才华体现在对未知、危险和矛盾的信息的判断能力之中。"

温斯顿·丘吉尔（1874—1968），英国首相

"评估活动……很少能激发沿海管理者、政客或官僚的热情。"

Steven Olsen教授，罗得岛大学

第7步

评估绩效监测的结果

这一步骤的成果是什么

☞ 评估计划。

☞ 监测数据的分析和解释。

☞ 评估报告。

质量评估的特性是什么

质量评估的特性包括：

公正性：评估应无政治或其他偏见和故意性失真。提供信息时应包含对其优缺点的描述。所有相关信息都应呈现出来，而不仅是显示支持管理机构意见的信息；

有效性：评估信息需要相关、及时，并以易懂的形式书写成文。它还需要解决提出的问题，在表单上显示，以及使管理机构能充分理解；

技术充分性：信息需要满足相关技术标准——适当的设计、正确的采样程序、准确的问卷调查和访谈指南、恰当的统计或内容分析，以及对结论和建议的充分支持；

利益相关者参与：应充分确保利益相关者接受咨询和参与评估工作。如果利益相关者要信任信息，取得调查结果的所有权，并同意把所学并入现行的新政策、项目和工程中，就必须作为活跃合伙人参与到政治进程中。创造参与的假象或拒绝利益相关者参与，肯定会引起对评估，甚至对当初要求评估的管理机构的反对和不满。

反馈和传播：有针对性和及时的信息共享是评估利用的显著特征。如果发生以下情况，将出现沟通失败、信任丧失，对调查结果漠不关心或心存疑虑：①评估信息未恰当分享和提供给相关人员；②评估者不打算系统地传播信息，而是在提供报告或信息时假定工作已完成；③没有做出努力以将信息

适当地传播给目标受众。

　　物有所值：只花费获取信息所需要的费用，而非超预算。收集不会用到的昂贵数据是不恰当的，能够使用低成本的方法，却使用昂贵的数据收集策略也是不恰当的。评估成本应与海洋空间规划项目的总成本成比例。

任务 1：准备数据评估计划

　　准备数据评估计划是监测和评估过程的一个重要组成部分。评估者计划评估时应知道数据分析的选项以及各项的优缺点。评估目标应该具体，并指示信息收集产生的分析和图表。收集大量从未使用的数据是一个常见错误。

　　无论评估设计主要强调定性数据还是定量数据，数据收集和数据分析都会重叠。在数据收集开始时，数据分析方面只需花费少量时间即可。随着评估的开展，数据分析将花费更多时间，而数据收集花费时间会更少。

任务 2：分析和解释数据

　　数据分析是将收集的（原始）数据转换成有用信息的过程。这是评估规划过程中的一个关键步骤，因为它形成了报告信息，塑造了其潜在用途。在整个规划周期中，理清所收集的数据以促进当前和未来的规划是一个持续过程。在数据最初收集和数据报告解释时会出现这样的分析（在下一步骤中讨论）。数据分析包括寻找趋势、集群或不同类型数据之间的其他关系、评估计划和目标绩效、形成结论、预见问题以及确定决策和组织学习的解决方案和最佳实践。可靠和及时的分析对数据的可信度和使用至关重要。

　　现场监测和其他来源收集的数据分为两类：定性数据和定量数据。

　　分析定性数据：定性数据分析用于理清作为评估部分收集的非数值数据。分析半结构化观察、开放式访谈、书面文件和焦点小组的文字记录都需要使用定性技术。

任务	提示
收集数据	保持良好记录 数据收集完后，立即记录专题小组的访谈、印象和笔记 随进度进行持续比较 定期团队会面以对比笔记、确定主题和进行调整
汇总数据	每次重要访谈或专题小组会面结束后，立即书写一页纸的总结 包括所有主要问题 识别最有趣、最有启发或最重要的讨论问题或所获信息 确定要加以探讨的新问题
使用工具 保持跟踪	在评估措施中创建单独文件记录自己的个人反馈，包括感觉、直觉和反应 对出现的个人想法加以记录 保存数据收集过程的引证依据，以便在书写评估时使叙述更生动
存储数据	确保所有信息都在同一位置 创建所有信息的副本，并将原稿放置在中央文件 根据需要使用副本进行书写、剪切和粘贴

来源：改自Imas，Rist，2009

收集定性数据时，精确地捕捉所有观察结果很重要；做好笔记很必要。这意味着需要密切关注别人说什么，以及他们说的方式。做笔记时，评估者应尽量不去解释别人的言语，而是应该记下他们所观察到的，包括肢体语言和数据收集过程中发生的任何潜在相关的事情（例如，访问过程的中断）。评估者应捕捉即时的想法、反应和解释，并记在笔记中的一个单独部分。

访谈、观察、绘图工作或焦点小组结束后，立即给评估者提供时间以审查、增补和记录他们的笔记很重要，这样他们以后就能够自己去理解。如果没有记录清楚的话，要理解哪怕只是前一天写的笔记也很困难。收集定性数据之后，评估者将有很多页的笔记和观察、访谈记录及其他数据源。组织和理清这些信息是具有挑战性的。数据组织的选择应力求回答评估问题。

- 讲述方法可采用时间顺序（从头到尾讲述）或倒叙（从结尾开始，然后倒着描述结局如何出现）呈现数据；
- 实例研究方法呈现了关于人员或团体的信息，关键事件通常按先后顺序进行展示；

- 分析框架包括过程描述、关键问题（通常相当于初级评估问题）阐明、问题组织以及关键概念的讨论，如比较领导力与追随力。

评估者描述并解释数据。在定性数据可以分析之前需以描述性的方式明确提出。解释数据意味着找到可能的因果关系、进行推论、附加含义以及处理与分析矛盾的实例。

许多人不敢使用统计。因此，有倾向认为使用定性方法或许更简单。事实上，良好的定性数据不像看起来那么容易。分析定性数据可能消耗大量人力和时间，但可以揭示定量数据无法提供的对行为或过程的了解。评估者需要留出充足时间才能把它做好。

评估定量数据：定量数据使用统计方法进行分析，评估团队中该领域的专业科学家和其他人员将审查这些数据。准备评估定量数据时，要注意的问题包括：

- 如何收集和编辑数据？
- 数据是否只是更长时间序列的一个大致情况？如果是的话，您可能想看到完整的时间序列以审视整体趋势。
- 数据的统计功效是什么？是否收集到足够的数据点以得出结论？
- 数据是否可以公开使用，以便其他人可以重复您的计算？

内容分析是一个分析定性数据的过程。分析定性数据需要耗费大量的人力和时间，但可以揭示有价值的信息。评估者收集定性数据后需要进行整理。数据可进行排序，以显示模式和共性。一旦进行排序（手动或电子），数据可以进行编码，然后再进行解释。

评估者通常同时使用定性和定量方法。在许多情况下使用一个以上的方法有许多好处。在仅提问几个相对容易回答的问题的情况下，通常建议采用单一的方法。

温馨提示！

任务	提示
分析数据	整理数据 考虑将数据置于电子表格 考虑使用计算机辅助数据分析 数据分类以显示格式和主题
解释数据	可能的话，让小组（至少两个人）审查和分类数据以对比调查结果，如果不同则进行审查和修改 寻找数据的含义和意义 把主题和类别与规划过程、成果，或两者相联系。当受访者讨论成果问题时，是否有些主题更贴切？ 寻找替代性解释和其他理解数据的方式
共享和审查信息	尽早并经常与关键的信息提供者分享信息 让其他人尽早审查草稿，以获取信息、问题、解释数据的其他方式以及其他可能的数据来源
写报告	描述当前材料的主要主题，因为它反映了过去发生的事件 突出有趣的观点，即使只有一两个人注意到 保持专注；大量数据容易让人混乱 只包含重要信息。问问自己信息是否回答了评估问题，以及是否将对利益相关者有用？

来源：改自Porteous，2005

任务 3：编写评估报告

评估结果的用途是什么

评估的价值来自它的使用。评估的两种用途包括：

帮助作出资源分配决策：评估信息可以告知管理者哪些管理措施已经或多或少在其成果方面取得成功，以及哪些资源可能是有价值的。同样地，在决策现有努力的结果显示是要扩大、重新设计还是放弃管理措施时，评估信息可以给予指导。

帮助重新思考问题的原因：通常情况下，管理措施似乎不会对现有问题有任何显著的影响。而没有变化可能是由于设计不良或执行不力，也可能是因为问题与最初假定的不同使得管理措施没有效果。评估信息可以提高重新评估问题的假定原因以及可能需要的备选管理措施的必要性。

报告的目的是与决策者、规划专业人员以及利益相关者进行沟通。

温馨提示！ 准备评估报告

- 在写报告时，谨记目的和受众。尽可能多地了解受众，并以最适合实现的方式书写报告。
- 使用简单、活泼、积极、常见和具有文化特色的词语。
- 尽最大可能避免使用缩写词和首字母缩略语。
- 减少背景信息，满足引入报告的需要即可，并明确背景。若有必要，背景可作为附件包含进来。
- 提供足够的评估设计和方法信息，以使读者信任报告的确实性，但又能认识到其局限性。提醒读者一些无效的解读调查结果的方式。同样地，细节可以放在附件中。
- 写执行摘要。
- 将报告中的材料整理成解决重大主题或回答关键评估问题的章节。
- 在每个章节开头放置主要观点，后面是次要观点。通过陈述提出的观点展开每一个段落。
- 用证据支持结论和建议。
- 将技术信息（包括设计矩阵和一切调查工具）放入附件中。
- 留出时间来修改、修改、再修改！
- 找没有看过任何材料的人校对草案。请校对员确认遗漏和含糊之处。
- 如果可能的话，让一个具备专业问题知识和评估方法知识的外部审查员审查最终草案，必要时提出文件修改建议。如果同行评审不可行，则请求与评估无关的同事审查该报告。

来源：改自 Imas，Rist，2009

评估报告应具有以下几个部分：

执行摘要（2~4页）：确定评估问题已得到解决的简短报告摘要；描述所使用的方法；并总结报告的调查结果、结论和建议。

评估报告：评估报告中应包括以下几个部分，通常分为几个章节。

引言：描述评估结果、结论和建议。

报告的引言中应该包括以下部分：

- 评估的目的、背景信息；
- 项目目的和目标、评估问题。

评估简要说明包括以下部分：

- 目的，范围，问题，方法，限制；
- 参与人（咨询委员会、评估小组）。

评估描述之后应是调查结果。写这部分时，评估者应：

- 以受众易于理解的方式呈现调查结果；
- 只包括最重要的结果；
- 整理调查结果要围绕研究问题、重要主题或问题；
- 使用图表、表格和其他图形元素突出要点。

报告的最后部分应该是读者经常优先阅读的结论和建议。评估者往往很难区分调查结果和结论。调查结果描述了评估的发现，可能涉及是否达到标准。调查结果应当有证据支持。

结论基于对调查结果的专业评估。结论要与每个评估的子目标以及海洋空间规划的总体目标相关。结论部分不应呈现新的信息。

建议措施。它们指出报告希望规划机构或其他主要利益相关者做的事情。建议往往较难起草。它们不应该有过多的硬性规定，那样会削弱管理者为所发现问题确定具体解决方案的特权。同时，建议不能过于笼统，以至于无法实施。建议应足够明确、具体，以使所有人都能理解需要做什么、哪些组织或单位需要采取行动，以及何时采取行动。报告不应包括建议的"细目清单"。应该把主要建议的数量限制为3个或4个。最好将建议根据需要分组，每组建议包含几个子部分。应该将建议放在计划的目的和目标的后面。

还应考虑建议的语气。记住不是报告作决定，而是人作决定。这点很重要。

第8步

交流绩效评估结果

这一步骤的成果是什么

☞ 制订明确的交流计划是本步骤的重要产出，其为向重要受众（包括利益相关者和决策者）准备评估报告和提交调查成果打下基础。一些新的交流形式值得考虑，包括博客、网络研讨会、互动网页和基于网络的多媒体视频报道。

任务 1：制订交流计划

一旦完成数据收集和分析，便是您共享初步结果，并制订计划以交流最终结果的时候了。交流所学的知识是评估的最重要部分之一。

交流计划是一组描述您打算如何交流评估结果的措施。交流计划应该发挥指导作用，以成功共享评估结果。

交流计划应回答以下问题：

- 谁将进行交流？
- 谁将率先制订计划？
- 交流目标是什么？
- 谁是目标受众？

受众将如何使用评估结果？

- 将如何交流结果？
- 什么资源可供交流？

绩效评估信息是一种管理工具。学习活动会在对评估过程和调查成果进行有效交流和报告时产生。评估信息可以告知决策者和项目管理者空间管理规划及其管理措施是否正在实现预想结果，以及管理措施有效或无效的原因。

评估报告可满足多种目的。然而，中心目的是"传递信息"——告

知相应的受众由收集、分析和解释评估信息所产生的调查结果以及结论（Worthen，Sanders，Fitzpatrick，1997）。

监测和评估报告可以发挥很多作用，产生的信息用途多种多样：

- 体现问责性——履行向公民和其他利益相关者作出的政治承诺；
- 说服——使用来自调查结果的证据；
- 教育——汇报调查结果以帮助组织学习；
- 探索和调查——观察什么起作用，什么不起作用，以及为什么；
- 文档——记录并创建机构记忆；
- 参与——通过参与过程调动利益相关者；
- 获得支持——表明结果以助于获得利益相关者的支持；
- 增进理解——报告结果以提高对工程、项目和政策的理解。

何时交流绩效评估的结果

评估期间和之后应进行交流，两者都同样重要。评估的方法合作性和参与性越高，交流就应越频繁、越具有包容性。交流时应向利益相关者提供最新的评估进展和暂时的调查成果，并感谢他们参与数据收集。

表2-8　评估交流和报告的时序及特定目的

评估期间	评估之后
让利益相关者参与决策评估的设计和实施	建立对规划和评估的一般认识和/或支持
通知利益相关者和其他受众下一步的具体评估活动	交流最终调查成果以支持修改和完善
了解评估的总体进度	交流最终调查成果以显示结果、体现问责性
交流暂时的调查成果	

来源：Torres等，2005。

任务2：总结评估报告

如何进行有效地交流

评估者的交流和报告实践的研究揭示了一系列促进成功经验的实践。最基本的实践之一是不要等到评估结束，将与利益相关者和决策者进行交流前才进行交流和报告（Torres et al.，2005）。表2-9描述了交流结果的一些良好实践。

表2-9　交流结果的良好实践

及时并经常联系	从一开始，就计划有效的沟通和报告，并为这些任务分配预算。在评估期间，报告并交流评估进展。评估快要结束时，交流和报告初步评估结果，并商议建议。负面评估结果较难接受，但若意外出现，就从中汲取有用之处
它是使用者	所有报告和交流格式要与参与者所需了解的相契合。评估者需要了解不同的利益相关者个人和群体学习和处理信息的差异。避免给繁忙的决策者提供冗长、学术式的报告，不要忽略文盲或弱势人群
多样化是生活的调味品	多种多样的报告格式有助于确保理解。报告格式包括最终评估报告、执行摘要以及工作会议报告
保持内容简单明了	报告、执行摘要和情况说明书的书写格式必须使用清晰易懂的语言，并包括图形、图表、表格和插图等视觉资料以快速交流信息和调查结果。定量数据应在定性数据旁边显示。适应管理计划的建议应该进行排序、并且是具体、详细、可行的

表2-10　交流结果时面临的挑战

阻碍或挑战	如何影响交流和报告
总体评估焦虑	因评估结果可能影响人事或资源分配决策，单"评估"一词就可能引发员工焦虑，产生抵触情绪。需要时间建立信任和关系的外部评估者可能会增加焦虑
起步计划失败	没有定期与利益相关者交流可能会导致计划脱节，无人问津和最终调查结果的无用。 评估小组过迟发现没有分配预算给报告制作、口头演讲或信息宣传
没有达到最佳的组织文化（定义为管理经营模式，权力责任分配或人员发展的方式）	工作人员可能会把负面或敏感的评估结果看成可耻的批评，拒绝公开讨论。 领导不愿在公开会议上分享绩效信息，阻碍了绩效结果的传播。 评估期间正在进行的交流受到组织信息共享系统机能障碍的抑制

任务3：向利益相关者和决策者递交评估结果

简约是一种美德

评估可使用尖端技术以确保其调查结果的影响力，但真正的挑战是创造性地思考如何将这些结果转化为简单、直观、易懂的陈述。这个过程将着重陈述和突出最重要的调查结果。要区分分析的复杂性和陈述的清晰度。不要囿于细节，而要呈现大局。

可以使用的技巧包括：

- 评估汇总表；

- 调查结果表；

- 记分卡；

- 图片故事；

- 博客；

- 交互式网页；

- 多媒体视频报道；

- 在线研讨会。

温馨提示！ 关键信息的数量

要交流的关键信息的数量应限制在3~5个。降低关键信息的复杂性，并根据受众改变信息。保持关键信息一致，并确保评估小组的每个人都在交流相同的信息。避免使用专业术语和缩略词，并保持信息简明扼要。

如果消息不好时会发生什么

评估得出的消息并不总是好的。良好的绩效评估系统旨在使问题浮出水面，而不只是带来好消息。这是绩效或基于结果的评估的另一个政治方面。坏消息的报道是区分成功与失败的一个重要方面。如果不能确定差异，管理者很可能同时奖励成功和失败。一个好的绩效系统可以作为一种早期预警系统。绩效评估报告应当包括有关不好成果的解释（如果可能的话），并确定纠正问题所应采取或计划的步骤（Hatry，1999）。

信息传递者不应该因为传递坏消息而受到惩罚。灌输对提出坏消息的恐慌会使调查结果的汇报和使用受挫。

做口头演讲

很多人非常恐惧在公众场合发言。充分准备和提前练习可以缓解公众演讲的恐惧。

规划演讲时，请考虑以下问题：

- 谁是听众？他们期望什么？他们想要知道多少细节？
- 我演讲的要点是什么？我希望听众记住的3个最重要的信息是什么？我希望听众使用我提供的信息做什么？
- 与听众交流这些信息有没有语言或技术挑战？
- 我如何才能提前知道听众会对我的演讲作出什么反应？
- 我必须演讲多长时间？
- 哪些视听资源（幻灯片、高射投影仪）能够使用？准备演讲时，牢记听众，专注于主要信息，并尊重简单的实用规则，即"告诉他们您将给他们讲述什么、开始讲述、然后告诉他们您已经讲述了什么。"

提高演讲质量的最好方式之一是练习。先单独排练，然后再在其他人面前排练演讲。排练后征求反馈意见，并做相应调整。保证演讲时间足够，还要保证不超时。演讲期间，与观众而不是您的笔记进行交谈。注意与台下的人进行眼神交流。如果您使用投影仪和屏幕，应将所有幻灯片的副本打印出来，并将其放在您的面前，确保您不会背对着观众看屏幕。

来源和辅助读物

Torres, R.T., H. Preskill, and M. E. Piontek. 2005. Evaluation Strategies for Communicating and Reporting: Enhancing Learning in Organizations. Thousand Oaks, CA: Sage Publications. p364.

Tufte, Edward R. 1989. The Visual Display of Quantitative Information. Cheshire, Connecticut: Graphics Press.

Worthen, Blaine, James Sanders, and Jody Fitzpatrick. 1997. Program Evaluation: Alternative Approaches and Practical Guidelines. New York: Longman Publishers.

使用绩效监测和评估结果修改下一周期的海洋空间规划

这一步骤的成果是什么

☞ 这一步骤的主要成果是使用评估结果（第8步）修改和调整海洋空间管理计划，以作为持续管理周期的一部分（见第13页）。如果调查结果没有朝向预期成果的话，这一步将对调查结果进行考虑以修改管理目的、目标和管理措施。无效部分的资源应重新分配到有效部分中。

☞ 另一个成果应该是关键信息缺失或应用性研究需求的确认，以减少下一轮规划中分析和决策的不确定性。

管理的"适应性方法"是什么

适应性方法包括探索替代方案以满足管理目标、基于现状知识预测替代方案的成果、监测以了解管理措施的影响，然后使用结果更新知识和调整管理措施（Williams et al.，2009）。

适应性方法提供了面对不确定性时作出正确决定的框架，以及减少不确定性，从而使管理绩效能够随时间得到改善。

绩效监测和评估结果能够且应该用于修改海洋空间规划的组成部分，包括目标和管理措施。例如，如果一个管理措施被证明无效、成本太高难以为继或产生非预期后果，则应该尽早或者至少在下一轮计划修订中进行修改。同样地，如果发现一个达到90%预期成果的目标过于昂贵，那么应降低目标，用较少的成本完成。

适应性管理：政策作为假设，通过实验进行管理

学习不是政策或管理失误带来的偶然结果。一般的奖励和促进制度往往阻碍承认错误，与之相反，管理者和决策者通过使用适应性管理，把意料之外的成果视为学习的机会，并接受学习作为管理过程整体的和有价值的部分。边学边做能加速完善政策和管理。

监测和评估获得的反馈促进学习……如果不在反馈上投入足够的精力，从政策或管理措施中学习经验将比较缓慢；变化是烦琐的，也可能会来得太晚。工作人员"蒙混过关"的局面即是最终结果。

加拿大公园管理局 (Parks Canada),2000

任务 1 : 提出管理目标和管理措施的修改

这项任务应解决两大问题：第一，通过海洋空间规划过程完成了什么，以及从成功和失败中学到了什么？第二，项目启动后，背景（例如，环境、治理、技术、经济——全部通过最先进的环境监测追踪）是如何改变的？这些问题的答案可以用于重新聚焦未来的规划和管理。

如果在成本合理，成本和利益公平分配的情况下，管理目标仍未按时完成，那么就应修改管理目标和管理措施。例如，第一轮规划的目标可能太冒进，试图又快又多地实现目标。或实施一个特定管理措施的成本可能过高，而其他管理措施可降低成本。或实施管理措施的成本可能已经在特定的实施团队或某地点异常下降。如果这些后果中的任何一种显而易见，那么应当在下一轮规划中修改管理计划。

海洋空间规划可通过以下修改：

- 修改海洋空间规划目的和目标（例如，如果监测和评估结果表明实现这些目标的成本超过了对社会或环境的益处）；
- 修改预期的海洋空间规划成果（例如，如果没有实现所预期的成果，可以修改大型海洋保护区的保护等级）；
- 修改海洋空间规划管理措施（例如，如果认为最初的策略无效、

太昂贵或不公平，可建议管理措施、激励机制和制度安排的可选组合）。

不得临时修改海洋空间规划项目。相反，它们应该作为下一轮规划持续过程的一部分。任何第一次海洋空间规划项目的管理措施应被视为初始操作，其可以使人类活动行为向未来期望发展。一些管理措施能够在很短的时间产生作用；一些则需要更长的时间。

任务 2：提出对有效管理措施进行资源再分配；减少 / 消除无效管理措施的资源分配

任务 3：向决策者、规划专家和利益相关者传达现有空间管理规划的修改建议

评估团队、管理合作伙伴和利益相关者应开会讨论下一轮规划的变化影响。讨论这些可能的改变时，应鼓励参与者自行分析结果，得出自己的调查结果和结论，而不是单纯接受评估团队诠释的调查结果和结论。考虑到适应性管理的参与性，应与目标受众公开共享评估结果，以确保透明度和问责性（Parks，2011）。

任务 4：确定可降低下一轮海洋空间规划不确定性的最新信息和应用研究

随着海洋空间规划项目的成熟，应用研究的作用也在不断发展，体现在发现问题，开发管理所需信息，理解研究结果，监测和评估等方面。管理成功或失利的报告对制定研究议程非常重要。

制定海域管理措施的各个方面都会存在不确定性。因此，管理措施的必需部分包括一切所需的短期和长期的数据收集和研究，来为海洋空间规划提供足够的数据或信息，或在最初一轮规划中确认仅基于可用信息作出的假设。其他不确定性，如某类栖息地与给定物种的生产力之间的关系，可能需

要数据收集和长期研究。

海洋空间规划一般需要长期进行数据收集、管理和分析工作。但海洋空间规划启动时，长期数据经常不可用。通常情况下，需要几十年延续的数据集来理解相对于自然影响和支撑海洋生态系统功能的自然变化过程，人类影响的重要性。在此期间，应该小心谨慎地解释结果。理想情况下，监测和研究作为海洋区域的核心管理部分会获得长期的资金支持。

来源和辅助读物

Holling, C. S. (ed.). 1978. Adaptive Environmental Assessment and Management. Wiley: Chichester, UK.

Walters, C. 1986. Adaptive Management: management of renewable resources. MacMillan: New York.

Parks, J. 2011. Adaptive management in small-scale fisheries: a practical approach. In: R.S. Pomeroy and N.L. Andrew, eds. Small-Scale Fisheries Management. CAB International.

Williams, B. K., R. C. Szaro, and C. D. Shapiro. 2009. Adaptive Management. U.S. Department of the Interior Technical Guide. Adaptive Management Working Group, U.S. Department of the Interior, Washington, DC. p72.

参考文献

Agardy T, P. Brigewater, M.P. Crosby, J. Day, et al. 2003. Dangerous targets? Unresolved issues and ideological clashes around marine protected areas. Aquatic Conservation. Vol. 13, No. 4. pp. 353–367.

Arkema, K.K., S.C. Abramson, and B.M. Dewsbury. 2006. Marine ecosystem-based management: from characterization to implementation. Frontiers of Ecology and Environment, Vol. 4, no. 10, pp. 525–532.

Barr, L.M., and H.P. Possingham. 2013. Are outcomes matching policy commitments in Australian marine conservation planning? Marine Policy. Vol 42, pp. 39–48.

Belfiore, S., J. Barbiere, R. Bowen, B. Cicin-Sain, C. Ehler, C. Mageau, D. McDougall, & R. Siron. 2006. A Handbook for Measuring the Progress and Outcomes of Integrated Coastal and Ocean Management. Intergovernmental Oceanographic Commission, IOC Manuals and Guides No. 46, ICAM Dossier No. 2. UNESCO: Paris. Available at: http://unesdoc.unesco.org/images/0014/001473/147313e.pdf

Bellamy, J., D. Walker, G. McDonald et al. 2001. A systems approach to the evaluation of natural resource management initiatives. Journal of Environmental Management. Vol. 63, No. 4. pp. 407–423.

Bottrill, M.C., and R.L. Pressey. 2012. The effectiveness and evaluation of conservation planning. Conservation Letters. Vol. 5, no. 6. December 2012. pp. 407–420.

Bowen, R.E., and C. Riley. 2003. Socio-economic indicators and integrated coastal management. Ocean and Coastal Management Journal. Vol. 46, pp. 299–312.

Bryson, J.M., M.Q. Patton, R.A. Bowman. 2011. Working with evaluation stakeholders: a rational step-wise approach and toolkit. Evaluation and Program Planning, Vol. 34.

Bunce, L., P. Townsley, R. Pomeroy, and R. Pollnac. 2000. Socioeconomic Manual for Coral Reef Management. Australian Institute of Marine Science: Townsville, Queensland, Australia. Available at: www.reefbase.org.

Carneiro, C. 2013. Evaluation of marine spatial planning. Marine Policy. 37. pp. 214–229.

Chua, T-E. 1993. Essential elements of integrated coastal zone management. Ocean & Coastal Management. Vol. 21. pp. 81–108. Cochrane, Kevern L., and Serge Garcia (eds.), 2009. A Fishery Manager's Guidebook. Second Edition. Food and Agricultural Organization of the United Nations and Wiley-Blackwell. p544.

Collie, J.S., W.L. Adamowicz, M.W. Beck, B. Craig, T.E. Essington, D. Fluharty, J. Rice, & J.N. Sanchirico. 2012. Marine spatial planning in practice. Estuarine, Coastal and Shelf Science (in press).

Commission of the European Communities. 2008. Roadmap for maritime spatial planning: achieving common principles in the EU. COM(2008)791 (final).

Consensus Building Institute and The Massachusetts Ocean Partnership. 2009. Stakeholder Participation in Massachusetts Ocean Management Planning: Observations on the Plan Development Stage. p35.

Conservation Measures Partnership. 2013. Open Standards for the Practice of Conservation. Version 3.0. p47. Available at: www.conservationmeasures.org.

Cundill, G., & C. Fabricius. 2009. Monitoring in adaptive co-management: toward a learning-based approach. Journal of Environmental Management. Vol. 90, pp. 3205–3211.

Day, J. 2008. The need and practice of monitoring, evaluating, and adapting marine planning and management. Marine Policy. Vol. 32. pp. 823–831.

Department for Environment, Food, and Rural Affairs (Defra). 2009. Our Seas—a Shared Resource: high-level marine objectives. London, England: Defra. p10.

Douvere, F. 2008. The importance of marine spatial planning in advancing ecosystem-based sea use management. Marine Policy. Vol. 32, No. 5. pp. 762–771.

Douvere, F., and C. Ehler. 2010. The importance of monitoring and evaluation in maritime spatial planning. Journal of Coastal Conservation. Vol 15, No. 2. pp. 305–311.

Ehler, C. 2003. Indicators to measure governance performance of integrated coastal management. Ocean and Coastal Management Journal. Vol. 46, No. 3-4. pp. 335–345.

Ehler, C., and F. Douvere. 2006. Visions for a Sea Change: report of the first international workshop on marine spatial planning. Intergovernmental Oceanographic Commission and the Man and the Biosphere Programme. IOC Manual and Guides No. 48, ICAM Dossier No. 4. UNESCO: Paris. p82. Available at: http://www.unesco-ioc-marinesp.be

Ehler, C., and F. Douvere. 2009. Marine Spatial Planning: a step-by-step approach toward ecosystem-based management. Intergovernmental Oceanographic Commission, IOC Manual and Guides No. 53, ICAM Dossier No. 6. UNESCO: Paris. p97. Available at: http://www.unesco-ioc-marinesp.be.

Ehler, C., and F. Douvere. 2010. An international perspective on marine spatial planning initiatives. Environments. Vol. 37, No. 3. pp. 9–20.

Ernoul, I. 2010. Combining process and output indicators to evaluate participation and sustainability in integrated coastal zone management projects. Ocean and Coastal Management Journal. Vol. 53. pp. 711–718.

Faludi, A. 2010. Performance of Spatial Planning. Journal of Planning Practice and Research, Vol. 15, No. 4. pp. 299–318.

Foley, M.M., et al., in press. Guiding ecological principles for marine spatial planning. Marine Policy.

Gold, B.D., M. Pastoors, D. Babb-Brott, C. Ehler, M. King, F. Maes, K. Mengerink, M.

Müller, T. Pitta, E. Cunha, M. Ruckelshaus, P. Sandifer, K. Veum. 2011. Integrated Marine Policies and Tools Working Group. CALAMAR Expert Paper. Available at: http://www.calamar-dialogue.org/.

Hakes, J.E. 2001. Can measuring results produce results: one manager's view. Evaluation and Program Planning. Vol. 24, pp. 319–327.

Halpern, B.S., J. Diamond, S. Gaines, S. Gelcich, M. Gleason, S. Jennings, S. Lester, A. Mace, L. McCook, K. McLeod, N. Napoli, K. Rawson, J. Rice, A. Rosenberg, M. Ruckelshaus, B. Saier, P. Sandifer, A. Sholtz, A. Zivian. 2012. Near-term priorities for the science, policy, and practice of coastal and marine spatial planning. Marine Policy. Vol. 36, pp. 198–205.

Hatry, H.P. 1999, 2006. Performance Measurement: Getting Results. Washington, DC: Urban Institute Press. p326.

HELCOM/VASAB, OSPAR and ICES. 2012. Report of the Joint HELCOM/VASAB, OSPAR and ICES Workshop on Multi-Disciplinary Case Studies of MSP (WKMCMSP), 2-4 November 2011, Lisbon, Portugal. Administrator. pp. 41.

Hermans, L.M., A.C. Naber, & B. Enserink. 2011. An approach to design long-term monitoring and evaluation frameworks in multi-actor systems: a case in water management. Evaluation and Program Planning. Vol. 35, pp. 427–438.

Hockings, M. 2000. Evaluating protected area management: a review of systems for assessing management effectiveness of protected areas. School of Natural and Rural Systems, University of Queensland Occasional Paper No. 4. p58.

Hockings, M., S. Stolton, N. Dudley, & R. James. 2009. Data credibility—what are the "right" data for evaluating management effectiveness of protected areas? New Directions for Evaluation 122: 53–63.

Hockings, M., S. Stolton, F. Leverington, N. Dudley, and J. Courrau. 2006. Evaluating effectiveness: A framework for assessing management effectiveness of protected areas. 2nd edition. IUCN: Gland, Switzerland and Cambridge, UK. xiv + p105.

Hoel, A.H., and E. Olsen. 2012. Integrated ocean management as a strategy to meet rapid climate change: the Norwegian case. Ambio. Vol. 41, pp. 85–95.

Holling, C.S. (ed.). 1978. Adaptive Environmental Assessment and Management. Wiley: Chichester, UK.

Interagency Ocean Policy Task Force. 2009. Interim framework for effective coastal and marine spatial planning. The White House Council on Environmental Quality, Washington. July.

International Fund for Agricultural Development (IFAD). 2002. A Guide for Project evaluation. Rome: IFAD.

Jacobson, C., R.W. Carter, M. Hockings, and J. Kellman. 2011. Maximizing conservation evaluation utilization. Evaluation. Vol. 17, no. 1. pp. 53–71.

International Federation of Red Cross and Red Crescent Societies. 2011. Project/ Programme Monitoring and Evaluation Guide. Geneva, Switzerland. p132.

Jay, S., et al., 2013. International progress in marine spatial planning. Ocean Yearbook 27. Brill: Leiden, The Netherlands. pp. 171–212.

Kusek, J.Z., and R.C. Rist. 2004. Ten Steps to a Results-based Monitoring and Evaluation System. The World Bank: Washington, DC. p247.

McFadden, J.E., T.L. Hiller, & A.J. Tyre. 2011. Evaluating the efficacy of adaptive management approaches: is there a formula? Journal of Environmental Management, Vol. 92, pp. 1354–1359.

Margoluis, R., and N. Salafsky. 1998. Measures of Success: Designing, Managing, and Monitoring Conservation and Development Projects. Island Press: Washington, DC. p362.

Margoluis, R., and N. Salafsky. 2001. Is Our Project Succeeding? A Guide to Threat Reduction Assessment for Conservation. Biodiversity Support Program: Washington, DC.

Margoluis, R., C. Stern, N. Salafsky, & M. Brown. 2009. Using conceptual models as a planning and evaluation tool in conservation. Evaluation and Program Planning. Vol. 32, pp. 138–147.

Mintzberg, Henry. 1996. Managing government, governing management. Harvard Business Review. May-June 1996. pp. 75–83.

Morra Imas, LG, and Rist. 2009. The Road to Results. Designing and Conducting Effective Development Evaluations. Washington DC: The World Bank. p611.

Oliveira, V., and R. Pinho. 2010. Measuring success in planning: developing and testing a methodology for planning. The Town Planning Review. Vol. 81, No. 3. May.

Olsen, S. 1995. The skills, knowledge, and attitudes of an ideal coastal manager. In: Crawford, B.R., J.S. Cobb, L.M. Chou (eds.) Educating Coastal Managers. Coastal Resources Center, University of Rhode Island: Narragansett, RI, USA. pp. 3–7.

Olsen, S. 2003. Frameworks and indicators for assessing progress in integrated coastal management initiatives. Ocean & Coastal Management. Vol. 46. pp. 347–361.

Olsen, S., E. Olsen, and N. Schaefer. 2011. Governance baselines as a basis for adaptive marine spatial planning. Journal of Coastal Conservation. Vol, 15. pp. 313–322.

Olsen, S., et al., 2009. The Analysis of Governance Responses to Ecosystem Change: A Handbook for Assembling a Baseline. LOICZ Reports and Studies No. 34. LOICZ International Project Office, Institute for Coastal Research. Geesthacht, Germany. p85.

Olsen, S., J. Tobey, and M. Kerr. 1997. A common framework for learning from ICM experience. Ocean and Coastal Management. Vol. 37. pp. 155–174.

Olsen, S. 1997. A common framework for learning from ICM experience. Ocean and Coastal Management. 37. pp. 155–174.

Olsen, S., et al., 2006. A Handbook on Governance and Socioeconomics of Large Marine Ecosystems. Coastal Resources Center, University of Rhode Island: Narragansett, RI, USA. p103.

Olsen, S., G. Page and E. Ochoa. 2009. The Analysis of Governance Responses to Ecosystem Change: a handbook for assembling a baseline. LOICZ International Project Office: Geesthacht, Germany. LOICZ Reports and Studies No. 34, p84.

Osborne, D, and T. Gaebler. 1992. Reinventing Government: how the entrepreneurial spirit is transforming the public sector. Addison-Wesley: Boston, MA. p436.

Parks, J. 2011. Adaptive management in small-scale fisheries: a practical approach. In: Pomeroy, R.S., and N.L. Andrew (eds.) Small-scale Fisheries Management: frameworks and approaches for the developing world. CAB International: Oxfordshire, UK. pp. 93–114.

Parrish, J.D., D.P. Braun, and R.S. Unnasch. 2003. Are we conserving what we say we are? Measuring ecological integrity within protected areas. Bioscience. September 2003. Vol. 53, No. 9. pp. 851–860.

Perrin, Burt, 1998. Effective Use and Misuse of Performance Measurement, American Journal of Evaluation, Vol. 19, No. 3, pp. 367–369.

Perrin, Burt. 1999. Performance Measurement: Does the Reality Match the Rhetoric? American Journal of Evaluation, Vol. 20, No. 1, pp. 101–114.

Pomeroy, R., and F. Douvere. 2008. The engagement of stakeholders in the marine spatial planning process. Marine Policy. Vol. 32, pp. 816–822.

Pomeroy, R., J. Parks, & L. Watson. 2004. How Is Your MPA Doing? A guidebook of natural and social indicators for evaluating marine protected area management effectiveness. National Oceanic and Atmospheric Administration and the World Commission on Protected Areas. IUCN: Gland Switzerland.

Porteous, N. L., B. J. Sheldrick, and P. J. Stewart. 1999. Enhancing managers' evaluation capacity: a case study for Ontario public heath."Canadian Journal of Program Evaluation (Special Issue): 137–54.

Salafsky, N., R. Margoulis, K. Redford, and J. Robinson. 2002. Improving the practice of conservation: a conceptual framework and research agenda for conservation.

Conservation Biology. Vol. 16, No. 6. pp. 1469–1479.

Stelzenmuller, Vanessa, et al., 2013. Monitoring and evaluation of spatially managed areas: a generic framework for implementation of ecosystem based marine management its application. Marine Policy. 37. pp. 149–164.

Stem, C., R. Margoluis, N. Salafsky, and M. Brown. 2005. Monitoring and evaluation in conservation. Conservation Biology. Vol 19, No. 2. pp. 295–309.

Tallis, H., S.E. Lester, M. Ruckelshaus et al., 2012. New metrics for managing and sustaining the ocean's bounty. Marine Policy, Vol. 36 pp. 303–306.

Urban Harbors Institute, University of Massachusetts-Boston Environmental, Earth, and Ocean Sciences Department and the Massachusetts Ocean Partnership. 2010. Developing Performance Indicators to Evaluate the Management Effectiveness of the Massachusetts Ocean Management Plan. p35.

United Nations Development Programme (UNDP). 2002. Handbook on Planning, Monitoring and Evaluating for Development Results. UNDP Evaluation Office, New York, NY. Available at: http://www.undp.org/eo/documents/HandBook/ ME-HandBook.pdf.

Walters, C. 1986. Adaptive Management: management of renewable resources. MacMillan: New York.

Walters, C. 1997. Challenges in adaptive management of riparian and coastal ecosystems. Conservation Ecology [online]1(2):1. Available at: http://www. consecol.org/vol1/iss2/art1/.

Walmsley, J. 2005. Human Use Objectives and Indicators Framework for Integrated Ocean Management on the Scotian Shelf. Final report for the Department of Fisheries and Oceans (Canada), Oceans and Coastal Management Division.

Williams, B. K., R. C. Szaro, and C. D. Shapiro. 2009. Adaptive Management. U.S. Department of the Interior Technical Guide. Adaptive Management Working Group, U.S. Department of the Interior, Washington, R. DC. p72.

Zampoukas, N., et al., 2013. Marine monitoring in the European Union: how to fulfill the requirements of the marine strategy framework directive in an efficient and integrated way. Marine Policy. Vol. 39. pp. 349–351.

附 件

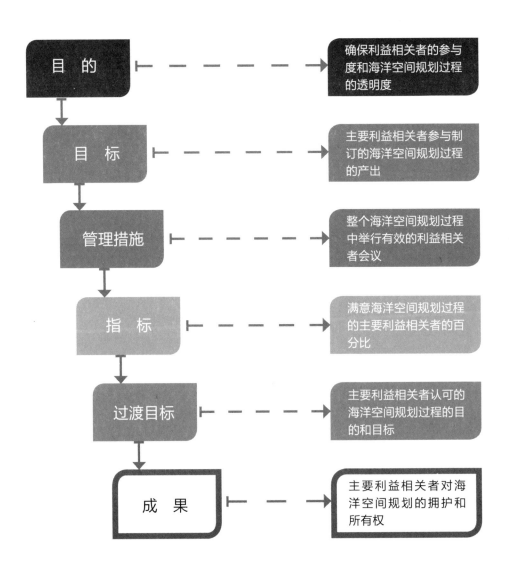

附图1-1 海洋空间规划治理成果例子

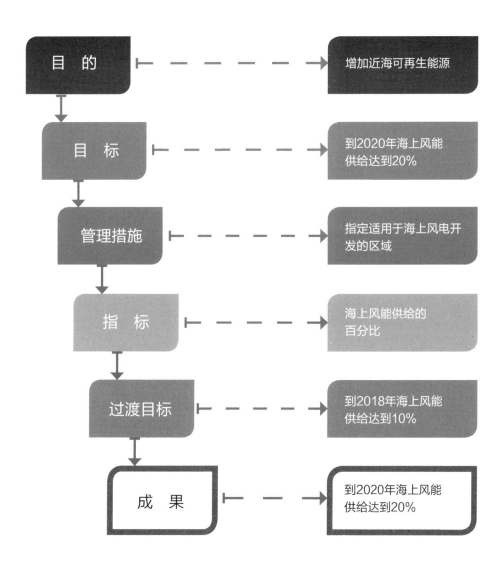

附图1-2 海洋空间规划的经济成果例子

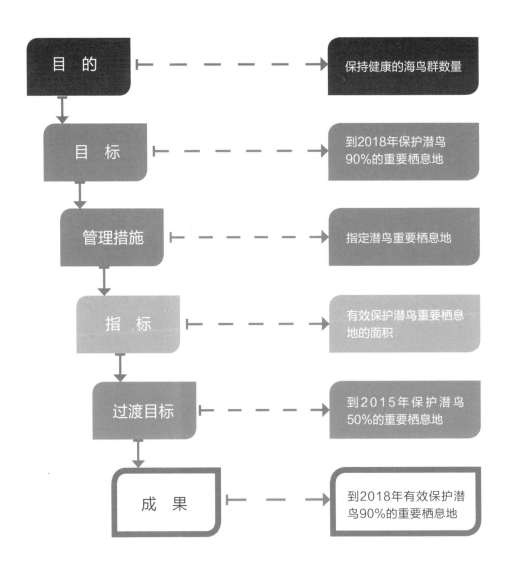

目的 ----→ 保持健康的海鸟群数量

目标 ----→ 到2018年保护潜鸟90%的重要栖息地

管理措施 ----→ 指定潜鸟重要栖息地

指标 ----→ 有效保护潜鸟重要栖息地的面积

过渡目标 ----→ 到2015年保护潜鸟50%的重要栖息地

成果 ----→ 到2018年有效保护潜鸟90%的重要栖息地

附图1-3　海洋空间规划的生态成果例子

附表1-1 海洋空间规划要素之间的关系的例子

目的	目标	管理措施	指标	过渡目标
治理				
建立明确的开展海洋空间规划的权威机构	启动海洋空间规划过程之前，获得执行和实施海洋空间规划的权力	使用现有法律或通过新立法；使用现有或新的行政协定或命令；明确确定领导机构；明确确定其他机构的作用	通过现有或新的立法、新的行政命令或行政部门领导之间的协议建立明确的权力部门	不适用
确定启动、完成和修订海洋空间规划过程的时间表	启动海洋空间规划过程之前，确定启动、完成和修改海洋空间规划过程的时间表	制订海洋空间规划过程的具体时间表	明确规定启动和完成空间规划的时间表；明确规定计划评估和修订的时间表	不适用
明确规划的基准年和时间范围，例如，10年、20年		明确具体的基准年和规划周期		不适用
规定海洋空间规划区域的边界	启动海洋空间规划过程之前，规定海洋空间规划区域的管理和分析边界	明确规定和绘制管理和分析边界		不适用
确保对海洋空间规划强有力的政策支持	启动海洋空间规划过程之前，确定政策支持	确定支持海洋空间规划的政策"拥护者"	确定自愿和有能力的政策拥护者和倡导者	不适用
确保分配充足的资源来开展海洋空间规划	开展海洋空间规划之前确保有足够的资源	通过正规预算渠道使用可用资源；用海域使用金承担规划和实施海洋空间规划的成本；获取拨款来为海洋空间规划及其实施提供资金	开始海洋空间规划过程之前，确保充足的可用资金	不适用

目的	目标	管理措施	指标	过渡目标
确保透明、参与式的海洋空间规划过程	工作开始之前，制订海洋空间规划过程的工作计划			海洋空间规划过程开始时的早期任务
		建立利益相关者咨询小组	成立利益相关者咨询小组，例行公开地参与海洋空间规划过程	海洋空间规划过程开始时的早期任务
	确保利益相关者积极参与海洋空间规划过程	在海洋空间规划过程所有步骤中举行利益相关者会议	利益相关者积极参与海洋空间规划过程的所有阶段；利益相关者拥护海洋空间规划最终计划	
	透明公正地解决利益相关者之间的冲突		海洋空间规划过程期间，利益相关者满意冲突的解决方法	
	在海洋空间规划过程的开始指定明确、可衡量的海洋空间规划目标		目标符合SMART原则；决策者和利益相关者支持目标	
开发和实施领海和/或专属经济区的海洋空间综合规划	启动过程后，用__年完成海洋空间管理计划		海洋空间规划过程开始后__年内，批准和实施领海和/或专属经济区管理计划；管理计划包含所有重要的海洋和沿海领域，包括渔业	
把海洋空间规划与相邻沿海区或海岸线管理计划结合	在可获取的最佳科学信息的基础上开展规划	建立科学咨询委员会（SAB）；科学团队向规划团队提出关于制定目标、管理措施、指标、监测和评估的建议	SAB同意规划采用可获取的最佳科学信息	

目的	目标	管理措施	指标	过渡目标
缩短海洋使用许可所需时间		对于获批的开发区域内的请求，缩短__%完成许可过程需要的时间	在预批海洋区域内发放许可的所需时间	
	确保明确的强制执行管理措施的权威机构	对不遵守规划的情况采取强制措施		
	制订监测和评估计划以跟踪管理措施的绩效	制订绩效监测和评估计划，并提供给决策者和利益相关者	决策者和利益相关者制订和支持监测计划；决策者和利益相关者制订和支持评估计划	
经济				
保持海洋区域健康和高产的经济	使海洋产业经济发展达到最大值		总经济价值 生物资源的价值 非生物资源的价值 非消费使用的价值 例如旅游 经济附加值 出口值 管理及行政费用	
			直接投资 政府投资 私营部门投资 外商直接投资	
增加海洋产业就业			就业总人数 海洋产业就业人数 就业工资价值	
确保现有海洋职业不因为空间分配决策被取代				
促进海洋区域海洋产业经济多元化			行业多元化 依赖于海洋环境的陆上活动 200海里界线外海洋管理区域的活动 非生物资源开发 非消费使用	

目的	目标	管理措施	指标	过渡目标
近海可再生能源	到2022年，近海可再生能源为海洋区域创造能源供给达30%	在适合涡轮机和相关电力电缆的地方建造风电场	没有风电场位于生态或生物敏感区域内，如鸟类迁徙路线内	到2017年，近海可再生能源为海洋区域创造能源供给达15%
		在竞争活动少的地方建造风电场	风电场位于低使用率、低环境敏感性的地方	
			现有保护区域没有任何损失	
		确保合适的照明，距航道的安全距离涡轮机周围的安全距离，确定风电场内获准的用途	没有风电场设置在航道上或泊船位置	
降低可再生能源和科学活动之间的冲突			长期进行科研和监测的区域没有建造风电场	
减少商业渔民和休闲钓鱼者之间的冲突		建立仅用作商业或休闲垂钓的保留区域	休闲垂钓保留区内没有发生商业捕鱼	3年内休闲垂钓保留区减少95%的商业捕鱼
减少海洋空间当前用海活动间的矛盾，如风电场和海上运输，近海水产养殖和商业捕鱼	到2015年确保90%的当前用海活动不存在冲突	指定兼容用途开发区域	识别并解决的空间利用冲突数量	
促进海洋空间当前用海活动间的兼容，如海上风电场和水产养殖		指定兼容用途开发区域	确定并实施的兼容空间数量	

目的	目标	管理措施	指标	过渡目标
减少未来用海活动之间的冲突，如波浪能开发和渔业活动	到2020年，确保90％的未来用海活动不存在冲突	指定兼容用途开发区域	识别并解决的空间利用冲突数量	
促进海洋空间未来用海活动之间的兼容性		指定兼容用途开发区域	确定并实施的兼容空间（区域）数量	
减少经济用途和自然环境之间的矛盾				
增加新的海洋投资规划的确定性	确保有充足的海洋区域以适应未来发展目的	确定适合于新的基础设施和海洋资源开发的区域	指定适于基础设施建设的区域	
环境/生态				
维持海洋区域生态系统的生物多样性和恢复力	到2020年，在生态层面，基因、物种和群落多样性没有更多损失		分布范围 种群丰度/生物量 栖息地面积 物种和群落的情况 物种覆盖区	
维持物种分布			物种分布 水平分布（斑块分布、聚集） 垂直分布（食物网/营养结构）	
维持物种丰度			物种丰度 生物量（重点种群） 个体数（海洋哺乳动物） 密度（海草、底栖生物）	

目的	目标	管理措施	指标	过渡目标
维持初级生产力和繁殖			生产和繁殖 初级生产力，数量（生物量）和质量（赤潮） 次级生产力 生活史阶段 生殖参数 产卵存活率 平均每代时间（寿命）	
维持营养相互作用			营养相互作用 食物网复杂性 关键捕食者/猎物的相互作用 关键物种 长度谱	
维持物种健康			物种健康 有灭绝风险的物种 有毒化合物的生物累积 疾病和畸形 海产品质量	
保持死亡率低于临界值			死亡率 捕捞死亡率 意外死亡率（副渔获物） 自然死亡率（捕食、疾病）	
减少副渔获	到2020年，海洋区域海洋哺乳动物、爬行动物、海鸟以及非目标鱼类的副渔获减少到接近零			
重建过度捕捞的商业物种资源量	到2020年，减少30%指定物种的捕捞力度	通过船回购项目减少海域的渔船数量	目标鱼类储备的恢复	到2016年，减少15%的捕捞力度

目的	目标	管理措施	指标	过渡目标
确保所有的鱼都可以安全食用	到2030年，鱼可食部分的镉、汞、二噁英和多氯联苯浓度减少到接近零			
维持/提高栖息地质量			栖息地质量 栖息地类型 栖息地改变 海平面变化 海景和海底完整性 沉积物质量（沉积物的性质和属性）	
	到2020年，有一个生态协调和管理完善的海洋保护区网络	设计完成海洋保护区监测网络，并强制执行		
恢复退化的栖息地	到2018年，恢复30%退化的海草床	再植退化海草床		到___年，恢复___%的海草床
确保具有生态价值的物种得到保护	到2020年，保护潜鸟75%的栖息地	指定潜鸟栖息地为关键栖息地	被指定为关键和有效管理的潜鸟栖息地表面积	到2018年，保护潜鸟50%的栖息地
	到2018年，恢复25%退化的湿地地区	再植退化湿地地区		
确保具有商业价值的物种得到保护	到2018年，保护重要的经济鱼类85%的产卵及繁殖区域	指定鱼类产卵及繁殖区域为关键栖息地		到2015年，保护重要的经济鱼类50%的产卵及繁殖区域

目的	目标	管理措施	指标	过渡目标
确保受威胁和濒危物种得到保护	到2020年，保护受威胁和濒危物种90%的重要区域	指定海洋哺乳动物产仔和保育区为关键栖息地	被指定为关键和有效管理的海洋哺乳动物栖息地表面积	到2015年，保护受威胁和濒危物种70%的重要区域
	到2018年，保护海洋哺乳动物90%的迁徙路线	管理迁移期间迁徙路线的船舶营运以减少攻击或死亡	海洋哺乳动物被船舶攻击或致死数目	
		建立海洋保护区以保护海洋哺乳动物生命史的重要区域		
维持/改善水质	到2025年，减少50%入海水中年均含氮量	应用最佳环境实践（BEP）和最佳可行技术（BAT）以减少农业活动排放；执行指定规模以上的畜牧生产养殖场许可系统；排放废水至河口和沿海水域之前，收集和处理排放自家庭和工业的城市废水	叶绿素浓度水体透明度海藻丰富度物种更替溶解氧水平	到2018年，减少25%入海水中的年均含氮量
维持/提升空气质量	到2025年，减少50%海洋区域氮化合物的年均大气沉降	限制沿海电厂排放限制汽车排放	冬天表层水体营养盐浓度反映接近自然水平；叶绿素a浓度反映接近自然赤潮水平；沉水植被的深度范围反映植物和动物的天然分布和出现	到2025年，减少50%海洋区域氮化合物的年均大气沉降
	到2020年，减少80%海洋区域海运的氮氧化物和硫氧化物排放	限制船舶排放		
	到2025年，减少__%二氧化碳的排放	捕获发电厂、炼油厂、水泥厂、钢铁厂和其他大型固定污染源排放的二氧化碳		

附表1-2 政府间海洋学委员会手册和指南

1 rev. 2	Guide to IGOSS Data Archives and Exchange (BATHY and TESAC). 1993: 27 pp. (English, French, Spanish, Russian)
2	International Catalogue of Ocean Data Station. 1976. (Out of stock)
3 rev. 3	Guide to Operational Procedures for the Collection and Exchange of JCOMM Oceanographic Data. Third Revised Edition, 1999: 38 pp. (English, French, Spanish, Russian)
4	Guide to Oceanographic and Marine Meteorological Instruments and Observing Practices. 1975: 54 pp. (English)
5 rev. 2	Guide for Establishing a National Oceanographic Data Centre. Second Revised Edition, 2008: 27 pp. (English) (Electronic only)
6 rev.	Wave Reporting Procedures for Tide Observers in the Tsunami Warning System. 1968: 30 pp. (English)
7	Guide to Operational Procedures for the IGOSS Pilot Project on Marine Pollution (Petroleum) Monitoring. 1976: 50 pp. (French, Spanish)
8	(Superseded by IOC Manuals and Guides No. 16)
9 rev.	Manual on International Oceanographic Data Exchange. (Fifth Edition). 1991: 82 pp. (French, Spanish, Russian)
9 Annex I	(Superseded by IOC Manuals and Guides No. 17)
9 Annex II	Guide for Responsible National Oceanographic Data Centres. 1982: 29 pp. (English, French, Spanish, Russian)
10	(Superseded by IOC Manuals and Guides No. 16)
11	The Determination of Petroleum Hydrocarbons in Sediments. 1982: 38 pp. (French, Spanish, Russian)
12	Chemical Methods for Use in Marine Environment Monitoring. 1983: 53 pp. (English)
13	Manual for Monitoring Oil and Dissolved/Dispersed Petroleum Hydrocarbons in Marine Waters and on Beaches. 1984: 35 pp. (English, French, Spanish, Russian)

14	Manual on Sea-Level Measurements and Interpretation. (English, French, Spanish, Russian)
	Vol. I: Basic Procedure. 1985: 83 pp. (English)
	Vol. II: Emerging Technologies. 1994: 72 pp. (English)
	Vol. III: Reappraisals and Recommendations as of the year 2000. 2002: 55 pp. (English)
	Vol. IV: An Update to 2006. 2006: 78 pp. (English)
15	Operational Procedures for Sampling the Sea-Surface Microlayer. 1985: 15 pp. (English)
16	Marine Environmental Data Information Referral Catalogue. Third Edition. 1993: 157 pp. (Composite English/French/Spanish/Russian)
17	GF3: A General Formatting System for Geo-referenced Data
	Vol. 1: Introductory Guide to the GF3 Formatting System. 1993: 35 pp. (English, French, Spanish, Russian)
	Vol. 2: Technical Description of the GF3 Format and Code Tables. 1987: 111 pp. (English, French, Spanish, Russian)
	Vol. 3: Standard Subsets of GF3. 1996: 67 pp. (English)
	Vol. 4: User Guide to the GF3-Proc Software. 1989: 23 pp. (English, French, Spanish, Russian)
	Vol. 5: Reference Manual for the GF3-Proc Software. 1992: 67 pp. (English, French, Spanish, Russian)
	Vol. 6: Quick Reference Sheets for GF3 and GF3-Proc. 1989: 22 pp. (English, French, Spanish, Russian)
18	User Guide for the Exchange of Measured Wave Data. 1987: 81 pp. (English, French, Spanish, Russian)
19	Guide to IGOSS Specialized Oceanographic Centres (SOCs). 1988: 17 pp. (English, French, Spanish, Russian)
20	Guide to Drifting Data Buoys. 1988: 71 pp. (English, French, Spanish, Russian)
21	(Superseded by IOC Manuals and Guides No. 25)
22	GTSPP Real-time Quality Control Manual. 1990: 122 pp. (English)

23	Marine Information Centre Development: An Introductory Manual. 1991: 32 pp. (English, French, Spanish, Russian)
24	Guide to Satellite Remote Sensing of the Marine Environment. 1992: 178 pp. (English)
25	Standard and Reference Materials for Marine Science. Revised Edition. 1993: 577 pp. (English)
26	Manual of Quality Control Procedures for Validation of Oceanographic Data. 1993: 436 pp. (English)
27	Chlorinated Biphenyls in Open Ocean Waters: Sampling, Extraction, Clean-up and Instrumental Determination. 1993: 36 pp. (English)
28	Nutrient Analysis in Tropical Marine Waters. 1993: 24 pp. (English)
29	Protocols for the Joint Global Ocean Flux Study (JGOFS) Core Measurements. 1994: 178 pp . (English)
30	MIM Publication Series: Vol. 1: Report on Diagnostic Procedures and a Definition of Minimum Requirements for Providing Information Services on a National and/or Regional Level. 1994: 6 pp. (English) Vol. 2: Information Networking: The Development of National or Regional Scientific Information Exchange. 1994: 22 pp. (English) Vol. 3: Standard Directory Record Structure for Organizations, Individuals and their Research Interests. 1994: 33 pp. (English)
31	HAB Publication Series: Vol. 1: Amnesic Shellfish Poisoning. 1995: 18 pp. (English)
32	Oceanographic Survey Techniques and Living Resources Assessment Methods. 1996: 34 pp. (English)
33	Manual on Harmful Marine Microalgae. 1995. (English) [superseded by a sale publication in 2003, 92-3-103871-0. UNESCO Publishing]
34	Environmental Design and Analysis in Marine Environmental Sampling. 1996. 86 pp. (English)
35	IUGG/IOC Time Project. Numerical Method of Tsunami Simulation with the Leap-Frog Scheme. 1997: 122 pp. (English)

36	Methodological Guide to Integrated Coastal Zone Management. 1997: 47 pp. (French, English)
37	Post-Tsunami Survey Field Guide. First Edition. 1998: 61 pp. (English, French, Spanish, Russian)
38	Guidelines for Vulnerability Mapping of Coastal Zones in the Indian Ocean. 2000: 40 pp. (French, English)
39	Manual on Aquatic Cyanobacteria – A photo guide and a synopsis of their toxicology. 2006: 106 pp. (English)
40	Guidelines for the Study of Shoreline Change in the Western Indian Ocean Region. 2000: 73 pp. (English)
41	Potentially Harmful Marine Microalgae of the Western Indian Ocean Microalgues potentiellement nuisibles de l'océan Indien occidental. 2001: 104 pp. (English/French)
42	Des outils et des hommes pour une gestion intégrée des zones côtières - Guide méthodologique, vol.II/Steps and Tools Towards Integrated Coastal Area Management – Methodological Guide, Vol. II. 2001: 64 pp. (French, English; Spanish)
43	Black Sea Data Management Guide (Under preparation)
44	Submarine Groundwater Discharge in Coastal Areas – Management implications, measurements and effects. 2004: 35 pp. (English)
45	A Reference Guide on the Use of Indicators for Integrated Coastal Management. 2003: 127 pp. (English). ICAM Dossier No. 1
46	A Handbook for Measuring the Progress and Outcomes of Integrated Coastal and Ocean Management. 2006: iv + 215 pp. (English). ICAM Dossier No. 2
47	Tsunami Teacher—An information and resource toolkit building capacity to respond to tsunamis and mitigate their effects. 2006. DVD (English, Bahasa Indonesia, Bangladesh Bangla, French, Spanish, and Thai)
48	Visions for a Sea Change. Report of the first international workshop on marine spatial planning. 2007: 83 pp. (English). ICAM Dossier No. 4
49	Tsunami preparedness. Information guide for disaster planners. 2008. (English, French, Spanish)

50	Hazard Awareness and Risk Mitigation in Integrated Coastal Area Management. 2009: 141 pp. (English). ICAM Dossier No. 5
51	IOC Strategic Plan for Oceanographic Data and Information Management (2008–2011). 2008: 46 pp. (English)
52	Tsunami risk assessment and mitigation for the Indian Ocean; knowing your tsunami risk - and what to do about it (English)
53	Marine Spatial Planning. A Step-by-step Approach. 2009: 99 pp. (English). ICAM Dossier No. 6.
54	Ocean Data Standards Series:
	Vol. 1: Recommendation to Adopt ISO 3166-1 and 3166-3 Country Codes as the Standard for Identifying Countries in Oceanographic Data Exchange. 2010: 13 pp. (English)
	Vol. 2: Recommendation to adopt ISO 8601:2004 as the standard for the representation of date and time in oceanographic data exchange. 2011: 17 pp. (English)
55	Microscopic and Molecular Methods for Quantitative Phytoplankton Analysis. 2010: 114 pp. (English)
56	The International Thermodynamic Equation of Seawater—2010: Calculation and Use of Thermodynamic Properties. 2010: 190 pp. (English)
57	Reducing and managing the risk of tsunamis. Guidance for National Civil Protection Agencies and Disaster Management Offices as Part of the Tsunami Early Warning and Mitigation System in the North-eastern Atlantic, the Mediterranean and Connected Seas Region – NEAMTWS. 2011: 74 pp. (English)
58	How to Plan, Conduct, and Evaluate Tsunami Exercises / Directrices para planificar, realizar y evaluar ejercicios sobre tsunamis. 2012: 88 pp. (English, Spanish)
59	Guía para el diseño y puesta en marcha de un plan de seguimiento de microalgas productoras de toxinas. 2011: 70 pp. (Español solamente)
60	Global Temperature and Salinity Profile Programme (GTSPP)—Data user's manual, 1st Edition 2012. 2011: 48 pp. (English)
61	Coastal Management Approaches for Sea-level related Hazards: Case-studies and Good Practices. 2012: 45 pp. (English)

62	Guide sur les options d'adaptation en zone côtières à l'attention des décideurs locaux – Aide à la prise de décision pour faire face aux changements côtiers en Afrique de l'Ouest / A Guide on adaptation options for local decision-makers: guidance for decision making to cope with coastal changes in West Africa / Guia de opções de adaptação a atenção dos decisores locais: guia para tomada de decisões de forma a lidar com as mudanças costeiras na Africa Ocidental. 2012: 52 pp. (French, English, Portuguese). ICAM Dossier No. 7.
63	The IHO-IOC General Bathymetric Chart of the Oceans (GEBCO) Cook Book. 2012: 221 pp. (English). Also IHO Publication B-11
64	Ocean Data Publication Cookbook. 2013: 41 pp. (English)
65	Tsunami Preparedness Civil Protection: Good Practices Guide. 2013: 57 pp. (English)
66	IOC Strategic Plan for Oceanographic data and Information Management (2013–2016). 2013: 54 pp. (English/French/Spanish/Russian)
67	IODE Quality Management Framework for National Oceanographic Data Centres (in preparation)
68	An Inventory of Toxic and Harmful Microalgae of the World Ocean (in preparation)
69	A Guide to Tsunamis for Hotels: Tsunami Evacuation Procedures (in preparation)
70	A guide to evaluating marine spatial plans. 2014: 84 pp. (English)